【无黄油，蒸简单！】

无黄油，蒸简单！

一只锅的
完美蛋糕全书

（韩）朴贤真 著 崔成华 译

河南科学技术出版社
·郑州·

不使用黄油的
美味甜点

　　经营"无烤箱烘焙"博客的这四年期间，看到越来越多的朋友使用我介绍的方法来制作点心，而且反响都很好，让我非常开心及满足，觉得付出的努力和热情没有白费。

　　这是我的第二本烘焙书，还是延续了不用烤箱的理念。第一本书是利用平底锅做饼干，这本书则是利用高压电饭煲（或电压力锅）、蒸笼、平底锅等来制作蛋糕。

　　去过蛋糕房的人会发现，清淡爽口、令人享受的蛋糕很难买到，奶油蛋糕很容易使人产生油腻感，而海绵蛋糕又常会让人觉得太甜太单调。每当这时我就会想，难道就没有既清淡可口又不让人觉得口味单调的蛋糕吗？如何能在保证味道的同时降低蛋糕的热量呢？经过长期研究和多次试验之后，费尽心思的我终于开发出了这些作为日常甜点也毫不逊色的蛋糕！书里介绍的所有配方都没有使用黄油，还介绍了多种不搭配鲜奶油和甜酱汁也一样美味的海绵蛋糕的配方。

　　加入南瓜、菠菜、土豆、胡萝卜、洋葱等多种蔬菜，或者加入苹果、香蕉、橙子、草莓等多种新鲜水果，或者灵活运用全麦、黑米、燕麦、大枣、核桃、红豆、杏仁等对身体有益的谷物和干果，以及一杯代替鲜奶油的牛奶，便可以做出极其美味并且更有利于健康的海绵蛋糕。深受人们喜爱的玛芬也是同样，用少量的植物油代替大量的黄油并采用蒸制方式，从而尽可能少地使用那些味甜且油腻的食材。除了高压电饭煲，我还为大家准备了可以使用蒸锅、平底锅等工具来制作的各种各样的蛋糕配方。

如果说味道清淡的蛋糕是平时可以享用的日常甜点，那么特别的日子大概就会需要那些外表华丽、装饰漂亮的蛋糕了吧。这种蛋糕大家一般平时不常做，所以突然做起来大概就会觉得很难。于是这本书也介绍了一些以前我做过的造型各异的卡通奶油蛋糕，做法都不是很难，希望能给裱花初学者带来帮助。

作为每天与大家分享甜点信息并十分钟爱甜点的人，还是要为大家奉上几点建议：烘焙食品不宜作为每日膳食中的主食，它更适合作为饭后甜点或零食。比起每天吃大量的面包和蛋糕，养成均衡摄取具有丰富营养的杂粮、蔬菜和水果的饮食习惯才更健康。只有在这种健康饮食习惯的前提下，烘焙才可以真正成为既有利于身体健康又有利于丰富饮食生活的"生力军"。

朴贤真

contents
目　录

Part 1　营养又健康的 蔬菜谷物海绵蛋糕

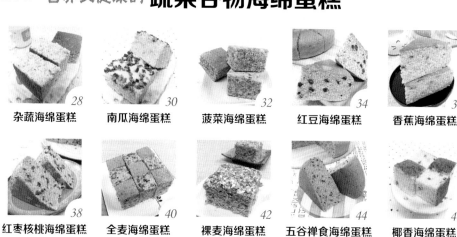

28 杂蔬海绵蛋糕　　　*30* 南瓜海绵蛋糕　　　*32* 菠菜海绵蛋糕　　　*34* 红豆海绵蛋糕　　　*36* 香蕉海绵蛋糕

38 红枣核桃海绵蛋糕　*40* 全麦海绵蛋糕　　　*42* 裸麦海绵蛋糕　　　*44* 五谷禅食海绵蛋糕　*46* 椰香海绵蛋糕

Part 2　按口味挑选的 海绵蛋糕

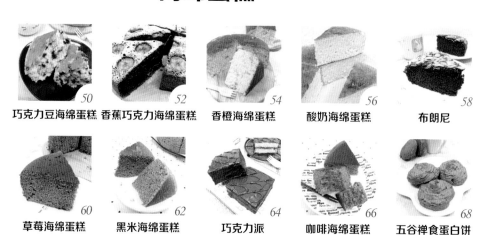

50 巧克力豆海绵蛋糕　*52* 香蕉巧克力海绵蛋糕　*54* 香橙海绵蛋糕　　　*56* 酸奶海绵蛋糕　　　*58* 布朗尼

60 草莓海绵蛋糕　　　*62* 黑米海绵蛋糕　　　*64* 巧克力派　　　　　*66* 咖啡海绵蛋糕　　　*68* 五谷禅食蛋白饼

Part 3 甜蜜温润的 **长崎蛋糕**

Part 4 口味浓郁的 **奶酪蛋糕 & 慕斯蛋糕**

Part 5 简单省时的 **蒸制蛋糕**

Part 6 用松饼预拌粉制作的 **蛋糕**

Part 7 为了特别的日子制作的 **鲜奶油蛋糕**

Part 8 与家人一起制作的 **圣诞蛋糕**

Part 9　可爱的**卡通蛋糕**

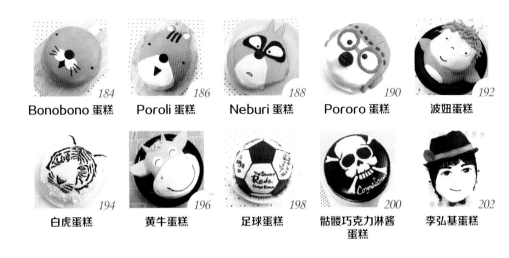

Part 10　入口即溶的**甜点 & 轻食**

特别提醒：制作前请一定先仔细阅读 20 ~ 23 页的"原味海绵蛋糕的制作"，其中介绍了决定成败的一些关键细节。

高压电饭煲

倒入面糊后设定时间就能做出蛋糕，最好用有压力功能的电饭煲。也可以使用电压力锅。本书提到的6人用电饭煲容量为3L，10人用电饭煲容量为5L。

电动打蛋器

主要用于打蛋及打发鲜奶油，比手动打蛋器效率高，是初学者必不可少的工具。

手动打蛋器

混合面糊或打发黄油时使用的基本工具。螺旋状的手动打蛋器适于打发蛋白。

电子秤

准确的计量是很重要的，如果没有电子秤，可以用指针秤、纸杯或量匙等工具代替。

量匙

用于计量少量的原料。

橡皮刮刀

除了可以搅拌面糊或拌匀干湿原料，还可以用于清理钢盆壁及盆底。

打蛋盆

选择耐热性好、轻巧又结实的不锈钢盆。

网筛

用来过筛面粉等粉类原料，使其更细致不结块，避免影响口感。

滤网

用来过筛粉类或薯类等原料，还可以代替晾架使用。因为网面比较细，所以不会在蛋糕表面留下明显的痕迹。

蛋糕刀和抹刀

用来分切蛋糕、抹平奶油。没有的话可以用尖端圆滑的小刀或水果刀代替。

一次性蛋糕模

有铝箔材质和纸质两种。

裱花转台

没有专门的裱花转台也没关系，可以用微波炉的转盘代替，一样很好用。

可可粉

可可粉是烘焙常用的原料，含可可脂，不含糖，口感比较苦。

抹茶粉

选择烘焙专用的抹茶粉，为了防止颜色变暗，请不要与泡打粉一起使用。

速溶咖啡粉

使用不加咖啡伴侣和糖的纯咖啡粉。

鸡蛋

做蛋糕的基础原料，尽量选择新鲜的鸡蛋。

鲜奶油

分为植物性的和动物性的两种，按需要打发使用。

糖

分为白砂糖（烘焙多用颗粒比较细的细砂糖）、黄砂糖、黑糖三种，尽量选择未精制的有机砂糖。

奶油奶酪

以牛奶为原料制成的半发酵新鲜奶酪，常用来制作奶酪蛋糕。

鱼胶片

又名吉利丁片，由动物的皮及骨骼提炼出的动物性凝固剂，常用于制作布丁、慕斯等。一片重量为2克左右，需用冷水浸泡软化后使用。

寒天粉

又名琼脂粉，是由海藻类提炼的植物性凝固剂，常用于制作羊羹。

巧克力

大致可分为黑巧克力、牛奶巧克力及白巧克力。从健康角度考虑应尽量选用以可可脂为主要成分的巧克力产品，少用代可可脂巧克力产品。烘焙中使用的装饰巧克力（coating chocolate）多是代可可脂巧克力，主要用于蛋糕装饰和淋面。

蓝莓派馅 & 樱桃派馅

是专门做派用的成品内馅，开罐后冷冻保存。没有的话可用蓝莓果酱和樱桃果酱代替。

植物油

推荐使用没有特殊味道且对身体有益的葡萄子油或者芥花子油，不要使用橄榄油。

没有电子秤的时候可以利用纸杯、量匙、勺子等工具计量原料。

1 大匙是多少量?

1 T=1 大匙 =15 毫升　　　　1 t=1 小匙 =5 毫升

（注意：这里 T、t 的含义与我国法定计量单位中的定义不同。考虑到原版书中这两个符号用得较多以及表述中的简便，本书未做改动。）

我们常说的 1 大匙是 15 毫升，1 小匙是 5 毫升。

勺子的实际容量约为 10 毫升，所以用勺子计量 1 大匙粉类原料的时候需要多盛一些。如果计量液体原料的话，只能大概估计了。

1 杯是多少量?

食谱里指的是量杯 1 杯的分量，为 200 毫升，大约是普通水杯装九成满的量。因为水杯的形状和容量各有不同，所以按这个标准计量原料，误差会比较大。

最好的方法是使用电子厨房秤，把单位统一为克来计量。如果没有电子厨房秤，可以使用容易买到的一次性纸杯或量勺，参考下页的原料换算表计量原料。

水的质量在数值上等同于体积
例如：200 克 =200 毫升

	纸杯	迷你纸杯	1T	1t	勺子
水、牛奶	180	50	15	5	10
鲜奶油	180	50	15	5	10
炼乳		70	20	7	12
蜂蜜、玉米糖浆		70	20	7	15
植物油		50	12	4	10
熔化黄油		50	15	6	8
白砂糖	160	50	12	5	12
黄砂糖	130	40	10	4	10
黑糖	120	30	10	4	10
糖粉	90	30	8	3	8
小麦粉	100	30	8	3	8
全麦粉	100	30	8	3	8
裸麦粉	100	30	8	3	8
杏仁粉	70	20	6	2	6
椰蓉	60	20	6	2	6
玉米粉	90	30	8	3	8
黑米粉	90	30	8	3	8
糯米粉	120	40	10	4	10
可可粉		20	5	2	10
玉米淀粉		20	7	2	7
黄金奶酪粉		30	7	3	7
南瓜粉		30	8	3	8
百年草粉		30	5	2	5
覆盆子粉		20	5	2	5
地瓜粉		40	10	4	10
草莓粉		15	5	2	5
抹茶粉		25	6	2	6
咖喱粉		30	10	4	10
栀子粉		25	7	3	7
禅食粉		30	8	3	8
寒天粉		30	8	3	8
泡打粉		50	10	4	10
干酵母		40	10	3	10
盐		50	15	5	15

	纸杯	迷你纸杯	1T
葡萄干	120	40	12
耐烤巧克力豆	120	40	15
核桃碎	100	30	10
花生碎	100	30	10
杏仁片	80	20	8
杏仁	100	30	10
橙子果酱	100	40	12
燕麦片	80	25	8
南瓜子	110	35	10
葵花子	100	35	10

使用的计量工具

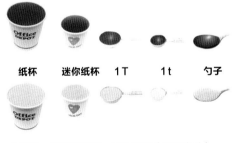

纸杯　迷你纸杯　1T　1t　勺子

1 纸杯：喝咖啡用的一次性纸杯（180 毫升）

2 迷你纸杯：喝酒用的一次性纸杯（50 毫升）

3 1T/1t：量匙（15 毫升 /5 毫升）

4 勺子：大的饭勺（10 毫升）

计量方法

液体原料：装满

粉类原料：装满后刮平表面与边缘平齐，只
有用勺子时稍微多一点

块状原料：用刀分切后再计量

面粉的种类

小麦粉

高筋面粉（面包用面粉）
蛋白质含量（约12%）及筋度较高，多用来制作面包。

中筋面粉（多用途面粉）
蛋白质含量（约10%）中等。家里常用的普通面粉就是中筋面粉，多用来制作面片、面条、饼、馒头等面食。

低筋面粉（糕点用面粉）
蛋白质含量（约8%）最低。多用来制作蛋糕、玛芬或饼干等松软的糕点，属于烘焙里最常用的面粉。

全麦粉
是由没有除去麸皮的整粒小麦磨制的面粉。虽然颜色发黄且口感粗糙，但营养价值高，常与小麦粉混合后制作成健康类的点心。

裸麦粉
又称黑麦粉，是由裸麦磨制的面粉。因为不含面筋，所以更适合以发酵种的方法来制作面包。常与小麦粉混合使用，可品尝到裸麦粉特有的酸甜味。

辅料的处理方法

核桃 & 杏仁

核桃和杏仁是烘焙里最常用的坚果，提前处理一下再使用风味会更好。方法很简单，把坚果倒进无油的平底锅，开小火并用木铲翻炒至微黄，注意不要炒煳。冷却后装入密封袋，冷冻保存。

燕麦片

燕麦片用粗孔粉筛过筛一遍，筛下的燕麦粉备用。

把整粒燕麦片倒入无油的平底锅，开小火翻炒至微黄，与筛下的燕麦粉混匀，冷却后装入密封袋，冷冻保存。

分蛋的方法

下面介绍几种分离蛋白和蛋黄的方法。

方法1 把鸡蛋用刀背或盆的边缘轻磕一下分成两半，用两半的蛋壳来回倒几下蛋黄，蛋白就会流到下面的盆里。这个过程要小心，不要让蛋壳的边缘把蛋黄弄破。

方法2 把鸡蛋打到盆里，用没沾水和油的勺子小心捞出蛋黄，最后要贴着盆壁轻压一下分离掉蛋黄上的系带。

方法3 把鸡蛋打到盆里，准备一个无水无油的PET（聚对苯二甲酸乙二酯）塑料瓶，轻压瓶身，瓶口对准蛋黄吸一下，蛋黄吸上来后贴着盆壁轻压一下分离掉蛋黄上的系带。

用微波炉制作卡仕达酱的方法

原料： 低筋面粉2T，蛋黄2个，砂糖4T，牛奶1杯。

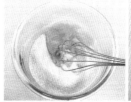

1 蛋黄和砂糖放入盆里，用打蛋器搅匀，再加入低筋面粉搅匀。

2 倒入一点牛奶搅匀后，再把剩下的牛奶全部倒入，轻轻搅匀。

3 盖上保鲜膜，用叉子在表面叉几个洞，放到微波炉里，高火加热2~3分钟后取出搅拌一下，重复这个过程2~3次。

4 做好的卡仕达酱隔冰水降温后盖上盖子冷藏保存。

鲜奶油的种类

鲜奶油（cream）又称淡奶油，是从新鲜牛奶中分离出脂肪的高浓度奶油，呈液态，打发后可以在蛋糕上裱花，也可以加在咖啡、冰淇淋、水果、点心上，还可以直接食用。鲜奶油跟黄油一样分为动物性的和植物性的两种，下面详细说明这两种鲜奶油的区别。

动物性鲜奶油

1 动物性鲜奶油是由牛奶中提取的脂肪浓缩制成的。

2 乳脂含量比较高。

3 有着浓郁的奶香。

4 在高温中也能保持性质稳定，所以制作焦糖酱、巧克力酱或者意大利面、浓汤等的时候使用动物性鲜奶油。

5 大部分动物性鲜奶油都是无糖的，所以裱花的时候加入鲜奶油质量 10% 的糖一起打发使用。

6 跟同等质量的植物性鲜奶油相比，打发后的体积要小一些。

7 因为乳脂含量比较高，所以吃起来会有些腻。

8 开封后保存时间短，需要尽快使用。

9 价格要比植物性鲜奶油高。

植物性鲜奶油

1 植物性鲜奶油是由植物油和水、盐、奶粉等原料加工制成的。

2 味道没有动物性鲜奶油香浓，也没有那么腻。

3 容易打发而且打发后体积变大。

4 大部分植物性鲜奶油都是含糖的，所以打发的时候不需要另外加糖。

5 高温加热后油脂会分解，所以不能加热使用。

区分鲜奶油的方法

单纯靠产品的名字不能区分出是动物性鲜奶油还是植物性鲜奶油，要仔细查看产品的原料表。下面举例说明。

动物性鲜奶油（无糖）

乳脂含量高而且无糖，使用时要加糖打发。

植物性鲜奶油（含糖）

原料为植物性油脂，还添加了糖，所以不加糖直接打发使用。

植物性鲜奶油（无糖）

原料为植物性油脂，不过没有添加糖，所以要加糖打发。

其他

还有动物性和植物性混合的鲜奶油，所以记住每种鲜奶油的特性后，根据需要选择使用。

打发鲜奶油的方法

1 冷藏的鲜奶油倒入打蛋盆内，按先中速后高速的顺序打发。打蛋器保持垂直，防止在打发过程中鲜奶油溅出，如果是无糖鲜奶油，则加入鲜奶油质量 10% 的糖一起打发。

2 用刮刀把溅到打蛋盆边缘的鲜奶油刮到盆内，继续打发。

3 打到体积变大，感觉到明显的阻力而且纹路清晰后停止。如果打发不足，鲜奶油就会很快融化，打发过度也会导致表面粗糙。

注意事项

1 打蛋盆和打蛋器都要擦干。

2 鲜奶油要低温打发，所以等使用时再从冰箱取出。

3 如果室内温度太高，可以在打蛋盆下面垫冰块帮助打发。

4 建议使用电动打蛋器。

---

*百年草是生长于韩国济州岛的一种仙人掌的果实，果实本身为粉红色，百年草粉就是将果实晒干后磨成的粉，没有什么特殊的味道，作用等同于天然色素。

制作多种口味的鲜奶油

可可鲜奶油

原料：鲜奶油 500 克，可可粉 4 T。

鲜奶油打至八成发，用一点热水化开可可粉后加入，继续打至全发。

抹茶鲜奶油

原料：鲜奶油 500 克，抹茶粉 2 T。

鲜奶油打至八成发，用一点热水化开抹茶粉后加入，继续打至全发。

摩卡鲜奶油

原料：鲜奶油 500 克，咖啡浓缩液 2 t。

鲜奶油打至八成发，水和速溶咖啡粉以 1 ：5 的比例制作咖啡浓缩液按一定比例加入，继续打至全发。

百年草鲜奶油

原料：鲜奶油 500 克，百年草粉* 4 T。

鲜奶油打至八成发，用一点热水化开百年草粉后加入，继续打至全发。

用鲜奶油抹蛋糕面的方法

1 把鲜奶油舀到蛋糕上，用刮刀大致抹一下表面。

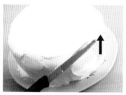

2 边转动转台，边利用抹刀或者水果刀以由上到下再返回的方式反复抹匀表面。

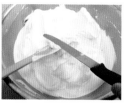

3 抹平表面的时候，要随时把抹刀上的鲜奶油刮干净，这样表面才会光滑。

4 最后用厨房纸巾把沾到盘子上的鲜奶油擦干净。没有专门的裱花转台可以用微波炉的转盘代替。

裱花袋的使用方法

裱花袋有两种材质，一次性塑料裱花袋和可以反复使用的布裱花袋。

一次性塑料裱花袋的使用方法

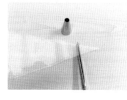

1 裱花袋剪个小口，不要太大，可使裱花嘴的尾部留在袋内而尖端露出即可，再把裱花嘴装入裱花袋，用大拇指和食指推紧。

2 把裱花袋套入比较深的杯子里，方便装鲜奶油，如果是少量的鲜奶油，可以套在手上装入。

3 取出装好鲜奶油的裱花袋，拉紧表面，用手一点点地把鲜奶油推到下面。

4 捏紧袋口，绕紧后就可以开始裱花了。

布裱花袋和裱花嘴转换器的使用方法

1 把裱花嘴转换器拧开，布裱花袋剪小口，不要太大，可使尖转换头的尾部留在袋内，尖端露出即可。

2 把裱花嘴装在圆形转换头上，再把尖转换头装入布裱花袋内推紧。

3 把裱花嘴套在尖转换头上，拧紧圆形转换头即可。

一次性塑料裱花袋

1 价格低廉。

2 使用方便。

3 如果裱花袋没有破掉，可以洗干净反复使用。

4 挤比较干的面糊，例如饼干面糊的时候有可能破掉。

5 使用过程中不能换裱花嘴。

布裱花袋

1 因为是布的材质，所以不用担心会破掉。

2 可反复使用。

3 可以与花嘴转换器一起使用，按需要换裱花嘴。

4 缺点是看不到内容物。

各种各样的裱花嘴

下面介绍一些常用的裱花嘴。

圆形花嘴　　　　圆形细花嘴　　　　齿形花嘴

7 齿花嘴　　　　5 齿花嘴　　　　8 齿花嘴

蒙布朗花嘴　　　半排花嘴　　　　半圆花嘴

圣安娜花嘴　　　玫瑰花嘴　　　　叶齿花嘴
（戚风花嘴）

裱花嘴的保养及保存

为了防止裱花嘴生锈，洗干净后要擦干保存。

原味海绵蛋糕的制作

原味海绵蛋糕是由蛋液与细砂糖打发后烤制而成的，质地松软又有弹性，
常作为鲜奶油蛋糕的蛋糕坯、慕斯或奶酪蛋糕的蛋糕底使用。

尺寸
直径 21 厘米、高 5 厘米　（使用 10 人用高压电饭煲）

原料

低筋面粉	130 克
鸡蛋	4 个
细砂糖	120 克
芥花子油	40 克
香草精	1 t
牛奶	50 克

TIP
· 也可以使用 6~8 人用高压
电饭煲制作。
· 担心蛋糕发不起来的话，可
以加入 1/2 t 的泡打粉与低筋
面粉混合后使用。加了泡打粉
后成品高度也要高一些。

准备

1 电饭煲内胆要均匀地刷上黄油。

2 低筋面粉过筛。

3 分离蛋白和蛋黄，需要注意的是打蛋盆一定要无水无油。

4 计量好所有的原料备用。

※ 电饭煲内胆涂抹黄油的目的是为了不破坏蛋糕、完整地
取出蛋糕。虽然可以用色拉油代替，但脱模和上色效果不
如黄油。

打发蛋白（制作蛋白霜）

1 蛋白先打 1~2 分钟，打出白色泡沫后分 2~3 次加入细砂糖，边转动打蛋盆边高速打发。

2 打至硬性发泡，即蛋白出现明显纹路，把打蛋盆翻过来也不会流动的状态。（这个过程大概需要 5 分钟）。

没有电动打蛋器的话，可以使用螺旋手动打蛋器打发蛋白（需要 10~20 分钟）。

蛋白打发成功的关键

1 打蛋盆和打蛋器都要无水无油。

2 蛋白里不能混有蛋黄。

3 使用冷藏过的蛋白。

4 糖不要先加，等打出泡沫后再加入。

5 如果蛋白打不起来，可以试试隔温水打发。

混合原料

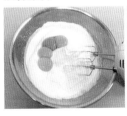

3 蛋白打好后加入蛋黄再打 1 分钟左右，这时捞起面糊是有点黏稠但能流动的状态。

4 分 2 次加入茶花子油低速打匀，再加入香草精打匀。茶花子油可用葡萄子油或者葵花子油代替，但不能使用香气重的橄榄油。

去除蛋腥味的方法

1 尽量选择新鲜的鸡蛋。

2 香草精、清酒或朗姆酒都可以去除蛋腥味。

3 抹茶粉、艾草粉、可可粉、肉桂粉、咖啡等有特殊香气的原料也可以遮盖蛋腥味。

与粉类混合

5 先筛入一部分低筋面粉，翻拌 3~4 下。（粉类提前过筛 1 次，加到面糊里的时候再过筛 1 次，总共过筛 2 次。）

6 筛入剩余的低筋面粉，翻拌几下。比起一次全部加入，分 2 次加入低筋面粉会更容易拌匀。

7 大致拌匀后，分 2~3 次加入牛奶，快速翻拌均匀。手法是切拌翻拌配合使用。

8 面糊拌匀后，用刮刀整理盆壁，把面糊集中到一起。拌粉的时候要小心，如果拌太久会导致消泡，导致蛋糕发不起来。

倒入面糊

9 面糊倒入电饭煲内胆里，左右轻晃几下再用刮刀抹平表面。

烤制

10 设定蒸煮功能 40 分钟（或煮饭功能 2 次）即可。煮饭功能 2 次的意思是先设定一次煮饭功能，当此过程结束并自动转到保温模式后，取消保温，再设定一次煮饭功能。烤制过程中千万不能打开电饭煲。

脱模

1 找一个与电饭煲内胆尺寸差不多的锅盖用锡纸包好，盖住蛋糕后翻转过来，轻磕一下，让蛋糕脱模。

2 把滤网盖在蛋糕底部再翻转过来，拿掉锅盖，晾凉。

冷却

为了防止蛋糕变干，稍微晾凉后用保鲜膜包住或者装在食品袋里。放置一段时间，等蛋糕组织稳定后再食用。

分切

完全冷却的原味海绵蛋糕在侧面做标记后横切成三等份。如果是 6 人用电饭煲烤制的则横切成四等份。

保存

室温可以保存 1~2 天，想长时间保存则切成小块，分别用保鲜膜包起来冷冻保存。

面粉和麸质（gluten）

面粉与液体原料混合后就会形成名为麸质的蛋白质，搅拌次数越多，麸质形成的越多。麸质过多会导致饼干变硬、蛋糕发不起来，所以制作饼干和蛋糕时需要以最少的搅拌次数和时间来减少麸质的形成。

其他口味海绵蛋糕的制作

在原味海绵蛋糕的基础上，稍微变换几种原料就能做出多种不同口味的海绵蛋糕。巧克力、抹茶、咖啡口味是最常见的，不仅可以搭配牛奶直接食用，也可以作为蛋糕坯使用。

巧克力海绵蛋糕

原料

低筋面粉	90 克
可可粉	20 克
鸡蛋	4 个
细砂糖	120 克
芥花子油	40 克
牛奶	50 克

准备

· 低筋面粉和可可粉混合过筛。

· 电饭煲内胆要均匀地刷上黄油。

1 蛋白打出白色泡沫后分 2 次加糖高速打发，之后加蛋黄，继续打发（约 1 分钟）。

2 加入芥花子油低速打匀，再筛入粉类翻拌几下。

 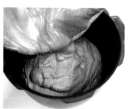 

3 分 2~3 次加入牛奶翻拌均匀，如果不容易混匀可以换成手动打蛋器拌匀。

4 面糊倒入电饭煲内胆里，抹平表面，设定蒸煮功能 40 分钟（或煮饭功能 2 次）即可。

抹茶海绵蛋糕

原料

低筋面粉	130 克
抹茶粉	10 克
鸡蛋	4 个
细砂糖	120 克
芥花子油	40 克
牛奶	50 克

TIP

如果抹茶粉与泡打粉一起使用颜色会变暗，所以不要加泡打粉。

1 蛋白加糖打发后按顺序加蛋黄、芥花子油打匀。

2 提前过筛的粉类再次过筛加入，翻拌几下。

3 大致拌匀后，分2次加入牛奶，翻拌均匀。

4 面糊倒入刷过黄油的电饭煲内胆后抹平，设定蒸煮功能40分钟（或煮饭功能2次）即可。

咖啡海绵蛋糕

原料

低筋面粉	130 克
鸡蛋	4 个
细砂糖	120 克
芥花子油	40 克
牛奶	50 克
速溶咖啡粉	1 T

准备

· 低筋面粉过筛。

· 牛奶加热后加入速溶咖啡粉搅拌均匀后冷却备用。

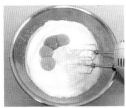

1 蛋白加糖打发后按顺序加蛋黄、芥花子油打匀。

2 筛入低筋面粉，翻拌几下。

3 大致拌匀后分2~3次加入牛奶咖啡液，翻拌均匀。

4 面糊倒入刷过黄油的电饭煲内胆后抹平，设定蒸煮功能40分钟（或煮饭功能2次）即可。

向大家推荐不添加黄油，利用各种蔬菜、水果及谷物为原料制作的健康牌海绵蛋糕。最大的优点是热量低、口味丰富。因为甜度适中，所以直接食用一样美味!

Part 1

营养又健康的

蔬菜谷物海绵蛋糕

杂蔬海绵
蛋糕

这款海绵蛋糕使用多种蔬菜做主，颜色漂亮，口感湿润绵软，是全家人
都会喜欢的口味。

原料 /10 人用			
低筋面粉	140 克	胡萝卜	50 克
泡打粉	1/2 t	洋葱	50 克
鸡蛋	3 个	西兰花	50 克
细砂糖	100 克		
盐	1/8 t		
牛奶	70 克		

准备

· 粉类混合过筛。
· 电饭煲内胆要均匀地刷上黄油。

TIP · 为了使成品口感好，西兰花只使用绿色的花朵部分，不使用根茎。
· 如果介意添加剂的使用，可省掉泡打粉，这样成品的高度会低一些。

1 胡萝卜、洋葱、西兰花洗干净后分别切碎。

2 蛋白打出白色泡沫后分 2 次加糖和盐，高速打发。

3 蛋白打至硬性发泡后加蛋黄，继续打发（约 1 分钟）。

4 粉类分 2 次筛入，翻拌几下。

5 大致拌匀后加入蔬菜碎，轻轻翻拌均匀。

6 牛奶分 2~3 次加入，切拌均匀。

7 面糊倒入电饭煲内胆内，左右摇晃几下使面糊表面平整。

8 设定蒸煮功能 40 分钟（或煮饭功能 2 次）即可。

9 利用锅盖小心取出蛋糕，放滤网上冷却。

南瓜海绵
蛋糕

这款海绵蛋糕添加了大量的南瓜，不含油脂，口感细腻松软。

原料 /10 人用

低筋面粉	140 克	南瓜泥	200 克
鸡蛋	3 个	南瓜皮	100 克
细砂糖	120 克		
盐	1/8 t		
水	60 克		

准备

· 南瓜提前蒸熟。

· 低筋面粉过筛。

· 电饭煲内胆要均匀地刷上黄油。

TIP 南瓜使用1/2 个左右，根据南瓜含水量的不同稍微调整加水量。

1 南瓜蒸熟后去皮，皮的部分切碎，南瓜泥加一半的水拌匀。

2 蛋白打出白色泡沫后分 2 次加糖和盐，高速打发。

3 蛋白打至硬性发泡后加蛋黄，继续打发（约 1 分钟）。

4 低筋面粉分 2 次筛入，翻拌几下。

5 加入剩下一半的水，轻轻翻拌几下。

6 大致拌匀后，加入南瓜泥翻拌均匀。

7 用刮刀整理盆壁，把面糊集中到一起。

8 面糊倒入电饭煲内胆内，抹平表面后，均匀地撒上南瓜皮。

9 设定蒸煮功能 40 分钟（或煮饭功能 2 次）即可。

菠菜海绵蛋糕

这款海绵蛋糕用水代替牛奶，不仅颜色翠绿，也没有菠菜那种特殊的味道，所以很适合讨厌菠菜的孩子食用。

原料 /10 人用

低筋面粉	140 克	烫过的菠菜	100 克
泡打粉	1/2 t	水	100 克
鸡蛋	3 个		
细砂糖	120 克		
盐	1/8 t		

准备

· 粉类混合过筛。
· 电饭煲内胆要均匀地刷上黄油。

TIP 如果菠菜放得太多会导致蛋糕发不起来，所以请按原料的用量加入。

1 烫过的菠菜挤干水分后切碎。

2 切碎的菠菜加水用料理机打成泥。

3 蛋白打出白色泡沫后分 2 次加糖和盐，高速打发。

4 蛋白打至硬性发泡后加蛋黄，继续打发（约 1 分钟）。

5 粉类分 2 次筛入，翻拌几下。

6 大致拌匀后加入菠菜泥，轻轻翻拌均匀。

7 面糊倒入电饭煲内胆内，左右摇晃几下使面糊表面平整。

8 设定蒸煮功能 40 分钟（或煮饭功能 2 次）即可。

9 利用锅盖小心取出蛋糕，放滤网上冷却。

红豆海绵蛋糕

这款海绵蛋糕制作简单，因为添加了蜜红豆，所以口感也丰富一些。

原料 /10 人用

低筋面粉	120 克	蜜红豆	200 克
鸡蛋	4 个		
细砂糖	60 克		
芥花子油	40 克		
牛奶	40 克		

准备

· 低筋面粉过筛。
· 电饭煲内胆要均匀地刷上黄油。

TIP 可以使用自己做的红豆馅，也可以使用市售的蜜红豆。剩余的蜜红豆小量分装后冷冻保存，需要时取出解冻即可。

1 分离蛋白和蛋黄，剩下的原料称好备用。

2 蛋白打出白色泡沫后分 2 次加糖，高速打发。

3 蛋白打至硬性发泡后加蛋黄，继续打发（约 1 分钟）。

4 分 2 次加入芥花子油，低速拌匀。

5 低筋面粉分 2 次筛入，翻拌几下。

6 加入蜜红豆，轻轻翻拌几下。

7 牛奶分 2~3 次加入，翻拌均匀。

8 面糊倒入电饭煲内胆内，抹平表面。

9 设定蒸煮功能 45 分钟（或煮饭功能 2 次）即可。

香蕉海绵蛋糕

家里有熟透的香蕉就拿来做这款香蕉海绵蛋糕吧，香甜的味道非常诱人。

原料 /10 人用

低筋面粉	120 克
鸡蛋	4 个
细砂糖	120 克
牛奶	40 克
香蕉	200 克

准备

· 低筋面粉过筛。
· 电饭煲内胆要均匀地刷上黄油。

TIP 需要大香蕉 2 根或者小香蕉 3 根左右，最好使用表皮有斑点熟透的香蕉。

1 香蕉去皮后压成泥。

2 蛋白打出白色泡沫后分 2 次加糖，高速打发。

3 蛋白打至硬性发泡后加蛋黄，继续打发（约 1 分钟）。

4 低筋面粉分 2 次筛入，翻拌几下。

5 大致拌匀后加入香蕉泥，轻轻翻拌均匀。

6 用刮刀整理面糊，集中到一起。

7 面糊倒入电饭煲内胆内，抹平表面。

8 设定蒸煮功能 45 分钟（或煮饭功能 2 次）即可。

9 利用锅盖小心取出蛋糕，放滤网上冷却。

红枣核桃海绵蛋糕

淡淡的肉桂香和红枣香融合得很好，是非常容易入口的一款海绵蛋糕。

原料 /10 人用			
低筋面粉	120 克	牛奶	50 克
肉桂粉	1/2 t	红枣	20 个
鸡蛋	4 个	核桃仁	1/2 杯
细砂糖	100 克		
芥花子油	40 克		

准备

· 粉类混合过筛。
· 电饭煲内胆要均匀地刷上黄油。

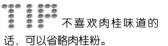 不喜欢肉桂味道的话，可以省略肉桂粉。

1 红枣洗干净后泡一会儿，控干水分再去核切碎。核桃仁也切碎备用。

2 蛋白打出白色泡沫后分 2 次加糖，高速打发。

3 蛋白打至硬性发泡后加蛋黄，继续打发（约 1 分钟）。

4 分 2 次加入芥花子油，低速拌匀。

5 粉类分 2 次筛入，翻拌几下。

6 大致拌匀后，加入红枣和核桃碎，翻拌 2~3 下。

7 牛奶分 2~3 次加入，翻拌均匀。

8 面糊倒入电饭煲内胆内，抹平表面。

9 设定蒸煮功能 40 分钟（或煮饭功能 2 次）即可。

全麦海绵蛋糕

因为加了全麦粉及核桃仁，是一款对身体有益的海绵蛋糕。

原料 /10 人用	
低筋面粉	60 克
全麦粉	80 克
鸡蛋	4 个
白砂糖	100 克
水	50 克
核桃仁	80 克

准备

· 核桃仁提前用平底锅炒一下，冷却备用。
· 粉类混合过筛。
· 电饭煲内胆要均匀地刷上黄油。

TIP 经过处理的核桃仁不仅没有涩味，而且味道更香。

1 核桃仁切碎，留一小部分撒表面，剩下的都加入面糊里。

2 蛋白打出白色泡沫后分 2 次加糖，高速打发。

3 蛋白打至硬性发泡后加蛋黄，继续打发（约 1 分钟）。

4 粉类分 2 次筛入，翻拌几下。

5 大致拌匀后，加入核桃碎，再分 2~3 次加入水，翻拌均匀。

6 用刮刀整理面糊，集中到一起。

7 面糊倒入电饭煲内胆内，抹平表面。

8 表面撒核桃碎。

9 设定蒸煮功能 40 分钟（或煮饭功能 2 次）即可。

裸麦海绵蛋糕

这款裸麦海绵蛋糕用水代替了牛奶，口味清淡，又添加了燕麦片来丰富口感。

原料 /10 人用

低筋面粉	60 克	燕麦片	1 杯
裸麦粉	80 克		
鸡蛋	4 个		
细砂糖	100 克		
水	50 克		

准备

· 燕麦片用平底锅炒一下
冷却备用。
· 粉类混合过筛。
· 电饭煲内胆要均匀地刷
上黄油。

TIP 可以用核桃仁或者杏
仁代替燕麦片，需要
切碎加入。

1 参考第 14 页的方法处理燕麦
片。

2 取一部分燕麦片铺满电饭煲内
胆，剩下的燕麦片加入蛋糕糊
里。

3 蛋白打出白色泡沫后分 2 次加
糖，高速打发。

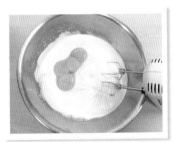

4 蛋白打至硬性发泡后加蛋黄，
继续打发（约 1 分钟）。

5 粉类分 2 次筛入，翻拌几下。

6 大致拌匀后，加入燕麦片，分
2~3 次加入水，翻拌均匀。

7 面糊倒入电饭煲内胆内，抹平
表面。

8 设定蒸煮功能 40 分钟（或煮饭
功能 2 次）即可。

9 利用锅盖小心取出蛋糕，放滤
网上冷却。

五谷禅食
海绵蛋糕

如果觉得禅食粉*冲水喝太单调，那就换一种吃法，做蛋糕来尝尝吧。

﹡ 禅食粉由炒熟的薏米、糯米、黄豆等多种谷物磨成细粉制成，加蜂蜜或糖冲水喝，是韩国人很喜欢的夏季养生饮品，在国内的大型超市都可以买到。

原料 /10 人用

低筋面粉	60 克	牛奶	60 克
禅食粉	60 克	熟黑芝麻	2 T
鸡蛋	4 个		
细砂糖	100 克		
芥花子油	40 克		

准备

· 粉类混合过筛。
· 电饭煲内胆要均匀地刷上黄油。

TIP 可用杂粮粉代替禅食粉。

1 蛋白打出白色泡沫后分 2 次加糖，高速打发。

2 蛋白打至硬性发泡后加蛋黄，继续打发（约 1 分钟）。

3 分 2 次加入芥花子油，低速拌匀。

4 粉类分 2 次筛入，翻拌几下。

5 大致拌匀后加入黑芝麻，分 2~3 次加入牛奶，快速翻拌均匀。

6 用刮刀整理面糊，集中到一起。

7 面糊倒入电饭煲内胆内，抹平表面。

8 设定蒸煮功能 40 分钟（或煮饭功能 2 次）即可。

9 利用锅盖小心取出蛋糕，放滤网上冷却。

椰香海绵
蛋糕

这款椰香海绵蛋糕添加了椰蓉和香甜的木瓜干，充满了东南亚风情。

原料 /10 人用

低筋面粉	100 克	牛奶	30 克
椰蓉	50 克	木瓜干	60 克
鸡蛋	4 个		
细砂糖	100 克		
芥花子油	30 克		

准备

· 低筋面粉过筛。
· 电饭煲内胆要均匀地刷上黄油。
· 木瓜干切碎。

TIPS 可按个人喜好添加各种水果干，没有的话可省略。

1 将分量外的椰蓉均匀地撒在电饭煲内胆底部及边缘。

2 蛋白打出白色泡沫后分 2 次加糖，高速打发。

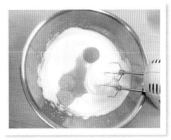

3 蛋白打至硬性发泡后加蛋黄，继续打发（约 1 分钟）。

4 分 2 次加入芥花子油，低速拌匀。

5 低筋面粉分 2 次筛入，翻拌几下。

6 大致拌匀后，分 2~3 次加入牛奶，快速翻拌均匀。

7 加入木瓜碎，翻拌均匀。

8 面糊倒入电饭煲内胆内，抹平表面。

9 设定蒸煮功能 40 分钟（或煮饭功能 2 次）即可。

推荐给大家多种风味的海绵蛋糕，有小孩子喜欢的巧克力豆海绵蛋糕、老年人喜欢的酸奶海绵蛋糕、使用预拌粉制作的黑米海绵蛋糕等，还会教给大家合理利用剩余蛋白的方法。

Part 2

按口味挑选的

海绵蛋糕

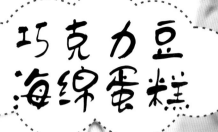

巧克力豆
海绵蛋糕

添加了耐烤巧克力豆的海绵蛋糕香甜松软，是非常受欢迎的
一款蛋糕。

原料 /10 人用

低筋面粉	140 克	牛奶	60 克
泡打粉	1/2 t	巧克力豆	2/3 杯
鸡蛋	3 个		
细砂糖	100 克		
芥花子油	40 克		

准备

· 粉类混合过筛。
· 电饭煲内胆要均匀地刷上黄油。

TIP 面糊太稀会导致巧克力豆沉底，所以需要观察面糊的状态调整牛奶的用量。

1 蛋白打出白色泡沫后分 2 次加糖，高速打发。

2 打至硬性发泡后加蛋黄，继续打发（约 1 分钟）。

3 分 2 次加入芥花子油，低速拌匀。

4 粉类分 2 次筛入，翻拌几下。

5 大致拌匀后，分 2~3 次加入牛奶，快速翻拌均匀。

6 加入巧克力豆，翻拌均匀。

7 用刮刀整理面糊，集中到一起。

8 面糊倒入电饭煲内胆内，抹平表面。

9 设定蒸煮功能 40 分钟（或煮饭功能 2 次）即可。

香蕉巧克力海绵蛋糕

表面用香蕉装饰、散发着浓浓巧克力香的海绵蛋糕是小朋友们的最爱。

原料 /10 人用

低筋面粉	110 克	香蕉	200 克
可可粉	20 克	装饰用香蕉	1 根
鸡蛋	3 个	糖粉	适量
细砂糖	100 克		
牛奶	40 克		

准备

· 粉类混合过筛。
· 电饭煲内胆要均匀地刷上黄油。

TIP 如果面糊太稀，装饰用的香蕉块太大会导致沉底，这点需要注意。

1 熟透的香蕉去皮后压成泥。

2 蛋白打出白色泡沫后分 2 次加糖，高速打发。

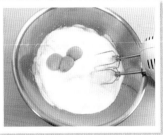

3 打至硬性发泡后加蛋黄，继续打发（约 1 分钟）。

4 粉类分 2 次筛入，翻拌几下。

5 分 2~3 次加入牛奶，快速翻拌几下。

6 大致拌匀后，加入香蕉泥，轻轻翻拌均匀。

7 面糊倒入电饭煲内胆内，抹平表面。装饰用香蕉去皮切成厚度为 0.5~1 厘米的片状，均匀地摆在面糊上。

8 设定蒸煮功能 45 分钟（或煮饭功能 2 次）即可。

9 利用锅盖小心取出蛋糕，放滤网上冷却。

酸甜的橙汁使这款海绵蛋糕橙香四溢，又添加了糖渍橙皮丁来丰富口感。

原料 /6 人用

低筋面粉	140 克	橙汁	70 克
泡打粉	1/2 t	糖渍橙皮丁	80 克
鸡蛋	3 个		
细砂糖	100 克		
芥花子油	30 克		

准备

· 粉类混合过筛。
· 电饭煲内胆要均匀地刷上黄油。

TIP · 没有糖渍橙皮丁可省略不加。

· 可换成 10 人用电饭煲制作，原料用量不变。

1 蛋白打出白色泡沫后分 2 次加糖，高速打发。

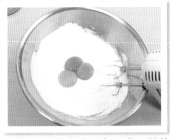

2 打至硬性发泡后加蛋黄，继续打发（约 1 分钟）。

3 分 2 次加入芥花子油，低速拌匀。

4 粉类分 2 次筛入，翻拌几下。

5 大致拌匀后，加入糖渍橙皮丁，分 2~3 次加入橙汁，快速翻拌均匀。

6 用刮刀整理面糊，集中到一起。

7 面糊倒入电饭煲内胆内，抹平表面。

8 设定蒸煮功能 40 分钟（或煮饭功能 2 次）即可。

9 利用锅盖小心取出蛋糕，放滤网上冷却。

酸奶海绵蛋糕

用酸奶代替牛奶加入，使蛋糕口感更湿润，味道更清爽。

原料 /10 人用

低筋面粉	120 克
鸡蛋	4 个
细砂糖	120 克
芥花子油	40 克
原味酸奶	200 克

准备

· 低筋面粉过筛。
· 电饭煲内胆要均匀地刷上黄油。

TIP 不要任意增加酸奶的用量，如果酸奶过多会导致蛋糕发不起来。

1 分离蛋白和蛋黄，剩下的原料称好备用。

2 蛋白打出白色泡沫后分 2 次加糖，高速打发。

3 打至硬性发泡后加蛋黄，继续打发（约 1 分钟）。

4 分 2 次加入芥花子油，低速拌匀。

5 低筋面粉分 2 次筛入，翻拌几下。

6 加入原味酸奶，轻轻翻拌均匀。

7 用刮刀整理面糊，集中到一起。

8 面糊倒入电饭煲内胆内，抹平表面。

9 设定蒸煮功能 45 分钟（或煮饭功能 2 次）即可。

布朗尼

使用打发鸡蛋的方法制作的这款布朗尼不添加黄油，比传统布朗尼热量低，口感也更为湿润。

原料 /10 人用

低筋面粉	120 克	牛奶	60 克
可可粉	20 克	杏仁片	1/2 杯
泡打粉	1/2 t		
鸡蛋	3 个		
细砂糖	120 克		
芥花子油	40 克		

准备

· 杏仁片提前用平底锅炒一下，冷却备用。

· 粉类混合过筛。

· 电饭煲内胆要均匀地刷上黄油。

TIP 等蛋糕完全冷却后再使用锯齿刀分切蛋糕，这样蛋糕的切面会很干净。

1 把杏仁片均匀地铺在电饭煲内胆内。

2 蛋白打出白色泡沫后分 2 次加糖，高速打发。打至硬性发泡后加蛋黄，继续打发（约 1 分钟）。

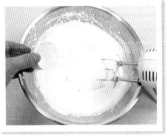

3 分 2 次加入芥花子油，低速拌匀。

4 粉类分 2 次筛入，翻拌几下。

5 大致拌匀后，分 2~3 次加入牛奶，快速翻拌均匀。

6 如果用刮刀拌不匀，可换成手动打蛋器轻轻拌匀面糊。

7 面糊倒入电饭煲内胆内，抹平表面。

8 设定蒸煮功能 40 分钟（或煮饭功能 2 次）即可。

9 利用锅盖小心取出蛋糕，放滤网上冷却。

草莓海绵蛋糕

这款海绵蛋糕颜色粉嫩，味道甜美，还可以用新鲜草莓和鲜奶油装饰一下，作为生日或节日礼物送给家人和朋友。

原料 /6 人用

低筋面粉	140 克	牛奶	70 克
天然草莓粉	20 克	* 冻干草莓碎	适量
泡打粉	1/2 t		
鸡蛋	3 个		
细砂糖	120 克		
芥花子油	40 克		

准备

· 粉类混合过筛。
· 电饭煲内胆要均匀地刷上黄油。

TIP · 如果希望蛋糕颜色更鲜明一些，冻干草莓碎可省略不加。

· 可换成 10 人用电饭煲制作，原料用量不变。

*冻干草莓碎是新鲜草莓通过真空冷冻干燥工艺加工而成的，保持了新鲜草莓的味道和口感。

1 蛋白打出白色泡沫后分 2 次加糖，高速打发。

2 打至硬性发泡后加蛋黄，继续打发（约 1 分钟）。

3 分 2 次加入芥花子油，低速拌匀。

4 粉类分 2 次筛入，翻拌几下。

5 大致拌匀后，分 2~3 次加入牛奶，快速翻拌均匀。

6 加入冻干草莓碎，翻拌均匀。

7 用刮刀整理面糊，集中到一起。

8 面糊倒入电饭煲内胆内，抹平表面。

9 设定蒸煮功能 40 分钟（或煮饭功能 2 次）即可。

黑米海绵蛋糕

这款海绵蛋糕使用市售的黑米面包预拌粉制作，口感与普通海绵蛋糕不同，要更筋道湿润些。

准备

· 预拌粉先过筛。
· 电饭煲内胆要均匀地刷上黄油。

TIP

· 可换成 10 人用电饭煲制作，原料用量不变。
· 剩下的预拌粉用保鲜袋分装好，冷藏保存。

1 蛋白打出白色泡沫后分 2 次加糖，高速打发。

2 打至硬性发泡后加蛋黄，继续打发（约 1 分钟）。

3 筛入一半量的预拌粉，翻拌几下。

4 再筛入剩下一半量的预拌粉，翻拌几下。

5 大致拌匀后，分 2~3 次加入牛奶，快速翻拌均匀。

6 用刮刀整理面糊，集中到一起。

7 面糊倒入电饭煲内胆内，抹平表面。

8 设定蒸煮功能 40 分钟（或煮饭功能 2 次）即可。

9 利用锅盖小心取出蛋糕，放滤网上冷却。

巧克力派

在家也可以做出不逊于市售的美味巧克力派。

<table>
<tr><td>

原料/10人用

原味海绵蛋糕	1个
装饰黑巧克力	200克
草莓果酱	适量

</td><td>

准备

提前把保鲜膜铺在砧板上。

</td><td>

TIP ·草莓果酱不要涂太厚。

·如果巧克力糊凝固了，可隔温水熔化后再使用。

</td></tr>
</table>

1 参考第20页制作成原味海绵蛋糕，冷却备用。

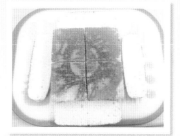

2 修整边缘，切成正方形，再切成四等份。

3 把每小块蛋糕横切成三等份。

4 抹上草莓果酱，每两片粘在一起。

5 装饰黑巧克力隔温水熔化成糊。

6 蛋糕底部先粘满巧克力糊后放到平底锅铲上，用勺子把巧克力糊均匀地浇在蛋糕表面，再用筷子抹平，去掉多余的巧克力糊。

7 利用筷子把蛋糕转移到铺好保鲜膜的砧板上。

8 冷藏会使巧克力表面产生湿气，所以尽量放阴凉处等待巧克力糊完全凝固。

9 剩下的巧克力糊装入裱花袋，在蛋糕表面挤出花纹装饰。

咖啡海绵蛋糕

除了电饭煲，还可以使用汤锅来制作海绵蛋糕，只要调整好火力一样可以做出美味的蛋糕。

1 速溶咖啡粉倒入加热过的牛奶里，搅拌均匀后冷却备用。

2 蛋白打出白色泡沫后分2次加糖，高速打发。

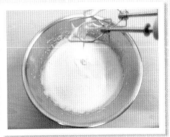

3 打至硬性发泡后加蛋黄，继续打发（约1分钟）。

4 粉类分2次筛入，翻拌几下。

5 咖啡牛奶液分2次加入。

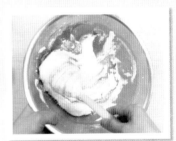

6 快速翻拌均匀。

7 面糊倒入汤锅内，抹平表面。

8 盖上锅盖，调小火，要用比燃气灶小火刻度的火苗还要小1/3左右的火苗烤制20分钟。

9 烤至中间稍微凸起，用手按的时候没有沙沙声即可。

五谷禅食
蛋白饼

制作长崎蛋糕常常会多出很多蛋白，这时候就用多余的蛋白和禅食粉来做这款营养小点心吧。

原料 / 约 7 个的量

禅食粉	60 克
鸡蛋蛋白	3 个
细砂糖	80 克
黑芝麻	1 T

准备

使用多余的蛋白来制作这款点心吧。

 因为蛋白饼的面糊会消泡，所以尽量一次全部烤完。

1 蛋白打出白色泡沫后分 2 次加糖，高速打发。

2 打发至硬性发泡。

3 筛入禅食粉，加入黑芝麻。

4 快速翻拌均匀。

5 用刮刀整理面糊，集中到一起。

6 把面糊装入裱花袋里。

7 平底锅刷一层薄薄的黄油，把面糊挤到锅里，因为不会膨胀很大，所以间距可以小一些。

8 盖上锅盖，调小火，要用比燃气灶小火刻度的火苗还要小 1/2 左右的火苗烤制 15 分钟，翻面继续烤 1~2 分钟即可。

9 如果烤太久口感会粗糙，所以掰开看一下，熟了马上离火，放滤网上冷却。

不需要专用的烤盘，只用电饭煲一样可以做出色泽金黄、口感一流的长崎蛋糕。

Part **3**

甜蜜温润的

长崎蛋糕

这款蛋糕使用了蜂蜜和有机面粉，不含油脂，口感湿润，还有淡淡的蜂蜜香味。

原料 /10 人用	
有机中筋面粉	140 克
鸡蛋蛋白	3 个
鸡蛋蛋黄	6 个
细砂糖	100 克
蜂蜜	50 克
牛奶	50 克

准备
· 面粉类过筛。
· 电饭煲内胆要均匀地刷上黄油。

 蜂蜜不仅能增添风味，还有去除蛋腥味的作用，也可以用玉米糖浆代替。

1 蛋白打出白色泡沫后分 2 次加糖，高速打发。

2 打至硬性发泡后分 2 次加蛋黄，继续打发（约 1 分钟）。

3 分 2 次加入蜂蜜，低速拌匀。

4 面粉分 2 次筛入，翻拌几下。

5 大致拌匀后，分 2~3 次加入牛奶，快速翻拌均匀。

6 面糊倒入电饭煲内胆内。

7 左右轻晃几下，抹平表面。

8 设定蒸煮功能 45 分钟（或煮饭功能 2 次）即可。

9 利用锅盖小心取出蛋糕，放滤网上冷却。

抹茶长崎
蛋糕

这款蛋糕翠绿的颜色和淡雅的茶香能让人心情愉悦起来。

TIPS 抹茶粉如果与泡打粉一起使用颜色会变暗，所以不要一起使用。

＊低聚果糖糖浆：低聚果糖是一种天然活性物质，甜度为蔗糖的0.3～0.6倍，具有调节肠道菌群的保健功能。低聚果糖糖浆是无色、透明的液体，甜味柔和清爽，无异味。如果买不到，可用蜂蜜或者玉米糖浆代替。

1 蛋白打出白色泡沫后分 2 次加糖，高速打发。

2 打至硬性发泡后分 2 次加蛋黄，继续打发（约 1 分钟）。

3 分 2 次加入低聚果糖糖浆，低速拌匀。

4 粉类分 2 次筛入，翻拌几下。

5 大致拌匀后，分 2~3 次加入牛奶，快速翻拌均匀。

6 面糊倒入电饭煲内胆内。

7 左右轻晃几下，抹平表面。

8 设定蒸煮功能 45 分钟（或煮饭功能 2 次）即可。

9 利用锅盖小心取出蛋糕，放滤网上冷却。最后修整成长方形即可。

玉米长崎蛋糕

加了玉米面粉和甜玉米粒的长崎蛋糕，让人一吃就停不了口。

原料 /10 人用

低筋面粉	100 克	细砂糖	100 克
玉米面粉	40 克	低聚果糖糖浆	40 克
泡打粉	1/2 t	牛奶	60 克
蛋白	3 个	甜玉米粒	100 克
蛋黄	6 个		

准备

· 粉类混合过筛。
· 电饭煲内胆要均匀地刷上黄油。
· 甜玉米粒控干水分备用。

TIPS 甜玉米粒用冷水冲洗后控干水分再加入，口感会更好。

1 蛋白打出白色泡沫后分 2 次加糖，高速打发。

2 打至硬性发泡后分 2 次加蛋黄，继续打发（约 1 分钟）。

3 分 2 次加入低聚果糖糖浆，低速拌匀。

4 粉类分 2 次筛入，翻拌几下。

5 大致拌匀后，加入甜玉米粒，分 2~3 次加入牛奶，快速翻拌均匀。

6 如果面糊不容易混合，可换成手动打蛋器拌匀。

7 面糊倒入电饭煲内胆内，抹平表面。

8 设定蒸煮功能 50 分钟即可。

9 利用锅盖小心取出蛋糕，放滤网上冷却。最后修整成长方形即可。

摩卡长崎
蛋糕

这是一款咖啡控们会喜欢的摩卡咖啡口味的长崎蛋糕。

原料 /10 人用

低筋面粉	130 克
蛋白	4 个
蛋黄	7 个
细砂糖	150 克
牛奶	2 T
速溶咖啡粉	2 T

准备

· 粉类混合过筛。
· 电饭煲内胆要均匀地刷上黄油。

TIP 这里使用的咖啡粉是没有咖啡伴侣和糖的纯咖啡粉，如果想要柔和的咖啡香，可减半加入。

1 速溶咖啡粉倒入加热过的牛奶里，搅拌均匀后冷却备用。

2 蛋白打出白色泡沫后分 2 次加糖，高速打发。

3 打至硬性发泡后分 2 次加蛋黄，继续打发约 1 分钟。

4 低筋面粉分 2 次筛入，翻拌几下。

5 大致拌匀后，分 2~3 次加入咖啡牛奶液，快速翻拌均匀。

6 用刮刀整理面糊，集中到一起。

7 面糊倒入电饭煲内胆里，轻晃几下，抹平表面。

8 设定蒸煮功能 50 分钟即可。

9 利用锅盖小心取出蛋糕，放滤网上冷却。最后修整成长方形即可。

杏仁长崎
蛋糕

添加了杏仁粉的长崎蛋糕味道香甜，很适合作为日常点心食用。

原料 /10 人用

低筋面粉	120 克	低聚果糖糖浆	40 克
杏仁粉	50 克	牛奶	40 克
蛋白	4 个		
蛋黄	7 个		
细砂糖	120 克		

准备

· 粉类混合过筛。
· 电饭煲内胆要均匀地刷上黄油。

TIP 杏仁粉因为含油脂，容易成团，所以需要用手指辅助过筛。

1 蛋白打出白色泡沫后分 2 次加糖，高速打发。

2 打至硬性发泡后分 2 次加蛋黄，继续打发约 1 分钟。

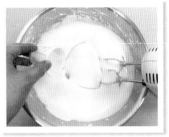

3 分 2 次加入低聚果糖糖浆，低速拌匀。

4 粉类分 2 次筛入，翻拌几下。

5 大致拌匀后，分 2~3 次加入牛奶，快速翻拌均匀。

6 面糊倒入电饭煲内胆内，抹平表面。

7 设定蒸煮功能 50 分钟即可。

8 利用锅盖小心取出蛋糕，放滤网上冷却。最后修整成长方形。

9 分切好的长崎蛋糕用保鲜膜包好冷冻保存，随吃随取，室温解冻后食用。

喜欢口味浓郁的奶酪蛋糕，一小块就能给予人很大的满足及幸福感。奶酪蛋糕可以用电饭煲做吗？答案当然是 YES！

Part **4**

口味浓郁的

奶酪蛋糕 & 慕斯蛋糕

奥利奥奶酪蛋糕

只要有奥利奥饼干就能简单地做出这款美味的奶酪蛋糕。

原料 /10 人用

奶油奶酪	300 克	低筋面粉	20 克
细砂糖	100 克	奥利奥饼干	8 块
原味酸奶	100 克		
鸡蛋	3 个		
动物性鲜奶油	100 克		

准备

· 奶油奶酪需要提前从冰箱取出，室温软化备用。
· 分离蛋白和蛋黄。
· 电饭煲内胆要均匀地刷上黄油。

TIP

· 冷藏后的奶酪蛋糕会更美味。
· 需要长时间保存的话，可切开后分别包上保鲜膜冷冻保存。

1 奥利奥饼干去掉夹心，放密封袋里用擀面杖擀碎。

2 室温软化奶油奶酪打软滑，加50克糖打匀，再加原味酸奶打匀。

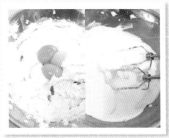

3 加蛋黄打匀，再加动物性鲜奶油低速打匀。

4 筛入低筋面粉拌匀。

5 蛋白加入剩下的50克糖打发。

6 打好的蛋白霜分2次加到奶酪糊里，拌匀。

7 加入奥利奥饼干碎，拌匀。

8 面糊倒入电饭煲内胆内，抹平表面。设定蒸煮功能50分钟即可。

9 取出电饭煲内胆连同蛋糕一起冷却，等奶酪蛋糕定型后利用锅盖小心倒扣出蛋糕，冷藏一夜再食用。

焦糖苹果
奶酪蛋糕

如果觉得普通的奶酪蛋糕味道过于浓郁，就请尝尝这款加了焦糖苹果的奶酪蛋糕吧。

原料 /10 人用			
奶油奶酪	300 克	**饼干底**	
原味酸奶	100 克	奥利奥饼干	16 块
细砂糖	100 克	无盐黄油	40 克
鸡蛋	2 个	**焦糖苹果**	
动物性鲜奶油	100 克	苹果	1 个
低筋面粉	20 克	黑糖	2 T

准备

· 奶油奶酪需要提前从冰箱取出，室温软化备用。
· 电饭煲内胆要均匀地刷上黄油。

TIP 饼干一定要擀成细粉状，如果不够细，饼干底会在切蛋糕的时候碎掉。

1 苹果去皮去核后切小块，加黑糖拌匀后小火加热熬煮，熬煮到锅底只留一点水后关火，冷却备用。

2 奥利奥饼干去掉夹心，放密封袋里擀成细粉状，加入熔化的黄油拌匀。

3 把饼干粉均匀地铺在电饭煲内胆底部，用勺子压紧。

4 室温软化的奶油奶酪打软滑后加糖打匀，分2次加鸡蛋，打匀。

5 加原味酸奶打匀后再加动物性鲜奶油打匀。

6 筛入低筋面粉，翻拌均匀。

7 加入冷却的焦糖苹果，翻拌均匀。

8 面糊倒入电饭煲内胆里，抹平表面。设定蒸煮功能60分钟（或煮饭功能3次）即可。

9 取出电饭煲内胆连同蛋糕一起冷却，等奶酪蛋糕定型后利用锅盖小心倒扣出蛋糕，冷藏一夜再食用。

酸奶奶酪蛋糕

这款奶酪蛋糕使用分蛋打发的方法制作，所以口味清爽不厚重。

原料 /10 人用

奶油奶酪	200 克
原味酸奶	100 克
鸡蛋	3 个
细砂糖	100 克
玉米淀粉	30 克
市售海绵蛋糕	1 袋

准备

·奶油奶酪需要提前从冰箱取出，室温软化备用。
·分离蛋白和蛋黄。
·电饭煲内胆要均匀地刷上黄油。

TIP 用海绵蛋糕代替饼干做奶酪蛋糕的蛋糕底，成品口味会清爽些，没那么腻。

1 市售海绵蛋糕切成 1 厘米厚的片，均匀地铺在电饭煲内胆底部。

2 室温软化奶油奶酪打软滑，加 50 克糖打匀，再加原味酸奶打匀。

3 加蛋黄打匀，筛入玉米淀粉，打匀。

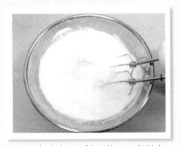

4 蛋白中加入剩下的 50 克糖打发。

5 打好的蛋白霜分 2 次加到奶酪糊里，拌匀。

6 面糊倒入电饭煲内胆内，抹平表面。

7 设定蒸煮功能 60 分钟（或煮饭功能 3 次）即可。

8 取出电饭煲内胆连同蛋糕一起冷却，等奶酪蛋糕定型后利用锅盖小心倒扣出蛋糕，冷藏一夜。

9 分切成小块后，用保鲜膜包好，冷藏或冷冻保存。

草莓奶酪蛋糕

吃一块香甜的草莓奶酪蛋糕，享受幸福的下午茶时光吧。

原料 /10 人用

草莓口味奶油奶酪	玉米淀粉	30 克
	200 克	市售海绵蛋糕 1 袋
天然草莓粉	20 克	
原味酸奶	100 克	
鸡蛋	3 个	
细砂糖	100 克	

准备

· 奶油奶酪需要提前从冰箱取出，室温软化备用。
· 分离蛋白和蛋黄。
· 电饭煲内胆要均匀地刷上黄油。

TIPS 把奶酪蛋糕分切成小块，用保鲜膜包好冷藏一夜，蛋糕底吸收了水分后会变得更加湿润美味。

1 市售海绵蛋糕切成 1 厘米厚的片，均匀地铺在电饭煲内胆底部。

2 室温软化奶油奶酪打软滑，加入 50 克糖打匀，再加入天然草莓粉打匀。

3 加入原味酸奶打匀后再加入蛋黄打匀。

4 筛入玉米淀粉打匀。

5 蛋白中加入剩下的 50 克糖打发。

6 打好的蛋白霜分 2 次加到奶酪糊里，拌匀。

7 面糊倒入电饭煲内胆内，抹平表面。设定蒸煮功能 60 分钟（或煮饭功能 3 次）即可。

8 取出电饭煲内胆连同蛋糕一起隔冰水冷却，等奶酪蛋糕定型后利用锅盖小心倒扣出蛋糕，冷藏一夜。

9 奶酪蛋糕必须完全冷却后再切开，这样蛋糕才不会碎。

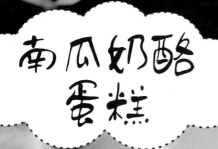

南瓜奶酪蛋糕

这款奶酪蛋糕使用寒天粉代替鱼胶片来凝固，做法简单，营养丰富。

原料

南瓜泥	300 克
奶油奶酪	100 克
牛奶	500 克
细砂糖	6 T
寒天粉	1 t
奥利奥饼干	3 块

TIP 如果蛋糕不容易脱模，可以在桌子上铺干净的毛巾后磕几下脱模。

1 南瓜洗干净切 4 等份后蒸熟。

2 按计量的质量取黄色内瓤部分压成泥冷却备用。

3 奥利奥饼干去掉夹心，放密封袋里用擀面杖擀成细粉状。

4 取两个玻璃碗，把饼干粉铺满底部。

5 南瓜泥加牛奶用料理机打细，加糖后小火煮至糖溶化。

6 加寒天粉和奶油奶酪，继续小火煮至寒天粉溶化，大概需要5分钟。

7 煮好的奶酪糊倒进玻璃碗里，冷却到室温后放冰箱冷藏至凝固。

8 用筷子扎一下，没有东西粘在筷子上就是完全凝固了。

9 脱模后倒扣到盘子里即可食用。

草莓慕斯
蛋糕

因为使用了大量的新鲜草莓，所以这款慕斯蛋糕酸甜可口，一点都不腻。

原料

市售海绵蛋糕	1袋	原味酸奶	100克
草莓	10个	草莓	200克
糖浆		细砂糖	80克
热水	50克	鱼胶片	2片
细砂糖	2T	**果冻层**	
速溶咖啡粉	2t	草莓	200克
慕斯层		细砂糖	3T
奶油奶酪	200克	鱼胶片	2片

准备

· 奶油奶酪需要提前从冰箱取出，室温软化备用。
· 糖浆原料搅拌均匀后冷却备用。

TIP 可以用多个小尺寸的杯子或碗当慕斯蛋糕模具使用。

1 市售海绵蛋糕切成1厘米厚的片，铺在玻璃碗底部。

2 均匀地刷上糖浆，再把切半的草莓切口朝外摆一圈。

3 鱼胶片提前泡冰水软化后挤干水分备用。

4 室温软化的奶油奶酪打软滑后加糖打匀，再加原味酸奶打匀。

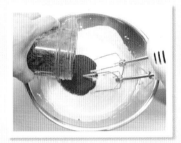

5 慕斯层的草莓去蒂后用料理机打成泥，再分次加到奶酪糊里打匀。

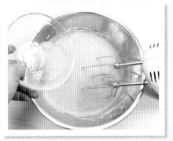

6 挤干水分的鱼胶片放微波炉里加热10秒熔化，然后一点点加到奶酪糊里打匀。

7 慕斯糊倒进玻璃碗里，不要倒满，冷藏至凝固。

8 果冻层的草莓去蒂后用料理机打成泥，加糖小火熬煮，稍微黏稠后加入挤干水分的鱼胶片，搅拌均匀。

9 冷却一会儿，倒在已经凝固的慕斯层上，再次冷藏至果冻层凝固即可。

地瓜提拉
米苏

这款蛋糕原料以地瓜为主，使用植物性的凝固原料寒天粉来制作，味道
香甜不腻，很适合当作餐后甜点。

原料

地瓜	200 克	可可粉	适量
牛奶	500 克	**糖浆**	
奶油奶酪	100 克	热水	100 克
细砂糖	6 T	细砂糖	4 T
寒天粉	1/2 t	速溶咖啡粉	1 T
市售海绵蛋糕	1 袋		

准备

地瓜提前蒸熟后去皮备用。

TIPS 如果觉得表面撒的可可粉太苦，可以等到可可粉被蛋糕浸湿后再食用。

1 使用 2 个中等大小的地瓜。

2 糖浆原料搅拌均匀后冷却备用。

3 市售海绵蛋糕切成 1 厘米厚的片。

4 蛋糕铺在玻璃碗底部。

5 蛋糕表面均匀地刷上糖浆。

6 熟地瓜和牛奶用料理机打成糊后倒入锅里，小火煮一会儿，再加寒天粉和奶油奶酪，继续小火煮至寒天粉溶化，大约需要 5 分钟。

7 奶酪糊倒入玻璃碗里，稍微晾凉后冷藏至凝固。

8 最后撒可可粉装饰。

9 盖上盖子或用保鲜膜包上冷藏保存，随吃随取。

蓝莓奶酪蛋糕

这款奶酪蛋糕不需要慕斯圈，也不需要复杂的制作过程，但味道却不错哦。

原料

奶油奶酪	200 克	鱼胶片	2 片
细砂糖	80 克	奥利奥饼干	8 块
原味酸奶	200 克		
动物性鲜奶油	100 克		
蓝莓派馅	1/2 罐		

准备

· 奶油奶酪需要提前从冰箱取出，室温软化备用。

· 准备几个透明的玻璃碗。

TIP 慕斯层太厚吃了会腻，所以最好用小尺寸的容器制作。

1 奥利奥饼干去掉夹心，放密封袋里用擀面杖擀成细粉状。

2 饼干粉均匀地铺在玻璃碗里。

3 鱼胶片泡冰水软化后挤干水分备用。

4 室温软化奶油奶酪，加糖打匀，再加原味酸奶打匀。

5 挤干水分的鱼胶片放微波炉里加热 10 秒熔化，再一点点加到奶酪糊里打匀。

6 动物性鲜奶油打发。

7 鲜奶油加到步骤 5 里打匀，制成慕斯糊。

8 把适量慕斯糊倒入铺好饼干粉的碗里，冷藏至凝固。

9 把蓝莓派馅舀到凝固的慕斯上即可。

巧克力
慕斯杯

苦甜的巧克力和香浓的奶油奶酪搭配出了这款美味的慕斯杯。

原料

黑巧克力	100 克
奶油奶酪	100 克
动物性鲜奶油	100 克
奥利奥饼干	3 块
可可粉	适量

准备

奶油奶酪需要提前从冰箱取出，室温软化备用。

TIP 做好的慕斯杯需要冷藏保存。

1 奥利奥饼干去掉夹心，放密封袋里擀成粉状。

2 把饼干屑均匀地铺在慕斯杯里。

3 黑巧克力隔温水熔化。

4 加入软化的奶油奶酪，打匀。

5 取出冷藏的动物性鲜奶油，打发。

6 打发好的鲜奶油加到巧克力奶酪糊里，大致打匀。

7 换刮刀，拌匀。

8 把巧克力奶酪糊倒入铺好饼干屑的慕斯杯里，抹平表面后冷藏至凝固。

9 表面撒可可粉装饰。

地瓜蛋糕

介绍给大家一款做法超级简单的地瓜蛋糕，适合没有时间又想吃甜点的时候制作。

原料

地瓜	600 克	**糖浆**	
动物性鲜奶油	3 T	热水	2 T
细砂糖	4 T	速溶咖啡粉	1 t
市售海绵蛋糕	1 袋	细砂糖	1 T
南瓜子	适量		

准备

地瓜提前蒸熟后去皮压泥
备用。

如果是给小朋友吃或
有不喜欢咖啡味的
人，可以省掉糖浆里的速溶咖啡
粉。

1 糖浆用的所有原料搅拌均匀后
冷却备用。

2 地瓜泥加入细砂糖和鲜奶油拌
匀成地瓜慕斯糊。糖可按口味
增减。

3 市售海绵蛋糕切成 1 厘米厚的
片，铺在直径 13 厘米左右的玻
璃碗里。

4 均匀地刷上糖浆。

5 倒入一半量的地瓜慕斯糊，抹
平表面。

6 再铺上一层海绵蛋糕，均匀地
刷上糖浆。

7 倒入剩下的地瓜慕斯糊，抹平
表面。

8 剩余的海绵蛋糕粉碎过筛，把
筛好的蛋糕屑撒在慕斯表面。

9 用手轻压表面的蛋糕屑后用刀
背压出分切线，最后用南瓜子
装饰。

觉得烘制蛋糕很麻烦而且不容易成功的朋友可以试试蒸制蛋糕，
做法简单又省时是蒸制蛋糕最大的魅力。

Part **5**

简单省时的

蒸制蛋糕

南瓜玛芬

朴素的南瓜蒸糕再挤上南瓜泥装饰后，变身为华丽的南瓜玛芬。

原料 /6 个量			
低筋面粉	150 克	盐	1/4 t
泡打粉	1/2 t	南瓜	150 克
鸡蛋	2 个		
芥花子油	30 克		
牛奶	30 克		
细砂糖	100 克		

准备

南瓜提前蒸熟备用。

TIP 需要用棉布包住蒸锅的锅盖，防止蒸制过程中水蒸气滴落在蛋糕上。

1 蒸熟的南瓜取 1/4 个连皮一起切碎。

2 鸡蛋、细砂糖、盐和芥花子油一起打匀。

3 加入牛奶和切碎的南瓜，轻轻拌匀。

4 筛入粉类，翻拌均匀。

5 面糊拌匀后用刮刀整理集中到一起。同时开火煮水。

6 面糊倒入模子里八成满。

7 水开后，高火蒸制 15 分钟左右。

8 用筷子扎一下蛋糕中心拔出，如果有面糊粘在筷子上就多蒸 2~3 分钟，如果没有就取出晾凉。

9 剩下的南瓜去皮过筛成南瓜泥，按个人口味加蜂蜜或细砂糖拌匀后装入裱花袋，挤在蛋糕上。

巧克力玛芬

这款玛芬使用了黑巧克力，所以不会很甜，而且口感湿润。

原料 /5 个量

低筋面粉	100 克
泡打粉	1t
黑巧克力	100 克
动物性鲜奶油	100 克
细砂糖	100 克
鸡蛋	2 个

TIP 黑巧克力可用牛奶巧克力代替。

1 动物性鲜奶油和黑巧克力隔温水熔化，搅拌均匀成巧克力酱。

2 加入细砂糖，搅拌至糖溶化。

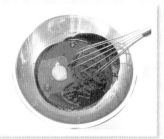

3 巧克力酱冷却至室温，分次加鸡蛋，搅拌均匀。

4 筛入低筋面粉，翻拌均匀。

5 如果面糊不容易混合，可换手动打蛋器拌匀面糊。

6 面糊倒入模子里八成满，按个人喜好在表面撒上杏仁片。

7 水开后，高火蒸制20分钟左右。

8 用筷子扎一下蛋糕中心拔出，如果有面糊粘在筷子上就多蒸2~3分钟，如果没有就取出晾凉。

9 完全冷却后，筛糖粉装饰。

咖喱玛芬

加入了多种蔬菜的咖喱玛芬可以当作主食食用。

原料 /7 个量

低筋面粉	180 克	牛奶	100 克
咖喱粉	2 T	土豆	1 个
泡打粉	1/2 t	胡萝卜	50 克
鸡蛋	2 个	小葱	30 克
细砂糖	5 T		
芥花子油	30 克		

TIP 蔬菜请按配方里的分量加入，如果任意增加会使蛋糕发不起来。

1 土豆、胡萝卜和小葱都切成小丁。

2 鸡蛋、细砂糖、芥花子油一起打匀。

3 加入牛奶和咖喱粉，打匀。

4 加入切好的蔬菜，打匀。

5 筛入粉类，翻拌均匀。

6 面糊拌匀后用刮刀整理集中到一起。同时开火煮水。

7 面糊倒入模子里八成满。

8 水开后，高火蒸制15分钟左右。

9 用筷子扎一下蛋糕中心拔出，如果有面糊粘在筷子上就多蒸2~3分钟，如果没有就取出晾凉。

奶酪玛芬

觉得奶酪蛋糕做起来很麻烦的朋友，不妨试试这款玛芬。

原料 /10 个量

低筋面粉	150 克	牛奶	60 克
泡打粉	1 t	杏仁	1/2 杯
奶油奶酪	200 克		
细砂糖	100 克		
鸡蛋	2 个		

准备

· 奶油奶酪和鸡蛋需要提前从冰箱取出回温备用。
· 杏仁提前用平底锅炒一下, 冷却后切碎备用。

TIP 这款蛋糕热吃比冷吃美味, 所以吃前可以用微波炉加热一下。

1 室温软化奶油奶酪加糖打匀。

2 分次加入鸡蛋打匀。

3 筛入低筋面粉, 翻拌均匀。

4 大致拌匀后, 分次加入牛奶拌匀。

5 加入切碎的杏仁, 拌匀。同时开火煮水。

6 面糊倒入模子里八成满。

7 水开后, 高火蒸制 15 分钟左右。

8 用筷子扎一下蛋糕中心拔出, 如果有面糊粘在筷子上就多蒸 2~3 分钟, 如果没有就取出晾凉。

9 为了防止水蒸气浸湿纸膜, 蒸熟后马上取出蛋糕, 放滤网上冷却。

米酒发糕

不用泡打粉，完全靠米酒里的天然酵母发起来的一款朴素又美味的点心。

原料

*高筋米粉	180 克
米酒	100 克
鸡蛋	2 个
细砂糖	80 克
盐	1/4 t
葡萄干	适量

* 高筋米粉是添加了麸质的大米粉，做面包专用。

TIP 不能使用经过杀菌处理的米酒。

1 用锡纸把一次性铝箔纸模包一下，这样可以重复使用。

2 鸡蛋、细砂糖一起打匀。

3 加入米酒，打匀。

4 筛入高筋米粉，轻轻拌匀。

5 完成的面糊是比较稀的状态。

6 包上保鲜膜，隔温水发酵2~3小时，如果中途水变凉了，应重新加热使用。

7 面糊倒入模子，表面撒葡萄干。

8 水开后，高火蒸制 15~20 分钟。

9 刀子蘸一下水再切开，这样切面才整齐。

地瓜玛芬

地瓜除了直接吃，还可以加上干果做成香甜松软的地瓜玛芬。

原料 /7 个量

低筋面粉	100 克	地瓜	200 克
泡打粉	1t	核桃仁和杏仁	1/2 杯
鸡蛋	2 个		
细砂糖	5T		
牛奶	50 克		
芥花子油	50 克		

准备

· 地瓜提前蒸熟。
· 坚果类提前用平底锅炒一下，冷却备用。

TIP 想要口感更松软些，可省掉坚果。

1 蒸熟的地瓜去皮后压成泥。如果太干，可加点分量外的牛奶调成湿润的地瓜泥。

2 核桃仁和杏仁切碎。

3 鸡蛋、细砂糖和芥花子油一起打匀后，再加入地瓜泥和一半量的牛奶打匀。

4 筛入粉类，翻拌均匀。

5 加入核桃仁和杏仁碎，还有剩下一半的牛奶，翻拌均匀。

6 面糊倒入模子里八成满。同时开火煮水。

7 水开后，高火蒸制15分钟左右。

8 用筷子扎一下蛋糕中心拔出，如果没有面糊粘在筷子上就取出晾凉。

9 为了防止水蒸气浸湿纸膜，蒸熟后马上取出蛋糕，放滤网上冷却。

红豆玛芬

做红豆冰剩下的红豆馅就拿来做这款玛芬吧。

原料 /5 个量

低筋面粉	100 克	牛奶	50 克
泡打粉	1/2 t	红豆馅	200 克
鸡蛋	1 个		
细砂糖	3 T		
芥花子油	20 克		

准备

如果是冷冻的红豆馅，需要提前用微波炉解冻。

TIP 也可以使用自制的红豆馅，多做一些分装冷冻，需要时解冻使用即可。

1 准备 1 杯左右的红豆馅。

2 鸡蛋、细砂糖、芥花子油一起打匀。

3 加牛奶和红豆馅打匀。

4 筛入粉类，翻拌均匀。

5 面糊拌匀后用刮刀整理集中到一起。同时开火煮水。

6 面糊倒入模子里八成满。

7 水开后，高火蒸制 15 分钟左右。

8 用筷子扎一下蛋糕中心拔出，如果没有面糊粘在筷子上就取出晾凉。

9 为了防止水蒸气浸湿纸膜，蒸熟后马上取出蛋糕，放滤网上冷却。

苹果玛芬

这款玛芬的灵感来自于苹果胡萝卜汁，香甜的焦糖苹果与胡萝卜和肉桂粉搭配，颜色漂亮又很营养。

原料 /10 个量

低筋面粉	200 克	盐	1/4 t
泡打粉	1 t	胡萝卜	50 克
鸡蛋	2 个	**焦糖苹果**	
牛奶	100 克	苹果	1 个
芥花子油	30 克	细砂糖	2 T
细砂糖	80 克	肉桂粉	1/2 t

准备

胡萝卜切碎备用。

TIP 不喜欢胡萝卜或者肉桂粉的味道可不加。

1 苹果去皮切丁后加糖和肉桂粉拌匀，大火熬煮到锅底只留一点水后关火，冷却备用。

2 鸡蛋、芥花子油、糖和盐一起打匀，加入一半量的牛奶打匀。

3 筛入粉类，翻拌几下。

4 大致拌匀后，加入剩下一半的牛奶，翻拌均匀。

5 加入切碎的胡萝卜和焦糖苹果，翻拌均匀。

6 面糊拌匀后用刮刀整理集中到一起。同时开火煮水。

7 面糊倒入模子里八成满。

8 水开后，高火蒸制 15 分钟左右。

9 用筷子扎一下蛋糕中心拔出，如果没有面糊粘在筷子上就取出晾凉。

草莓玛芬

保存时间过久或者外形不佳的草莓就拿来做这款草莓玛芬吧。

原料 /12 个量

低筋面粉	200 克
泡打粉	1t
鸡蛋	2 个
细砂糖	100 克
芥花子油	30 克
草莓	300 克

TIP 因为草莓很容易变色，所以这款草莓玛芬做完最好尽快吃掉。

1 草莓分成 2 份，一份放料理机打成泥，一份切成丁。

2 鸡蛋、细砂糖、芥花子油一起打匀。

3 加入草莓泥打匀。

4 筛入粉类，翻拌均匀。

5 留出一点草莓丁做装饰，剩下的加到面糊里翻拌均匀。同时开火煮水。

6 面糊倒入模子里八成满。表面撒上草莓丁。

7 水开后，高火蒸制 15 分钟左右。

8 用筷子扎一下蛋糕中心拔出，如果没有面糊粘在筷子上就取出晾凉。

9 为了防止水蒸气浸湿纸膜，蒸熟后马上取出蛋糕，放滤网上冷却。

摩卡咕咕霍夫蛋糕

丢掉蛋糕模只能在烤箱里使用的固有观念，蒸制蛋糕时一样可以使用。

原料

低筋面粉	140 克	速溶咖啡粉	1 T
泡打粉	1/2 t	葡萄干	50 克
鸡蛋	2 个		
细砂糖	80 克		
芥花子油	30 克		
牛奶	40 克		

准备

需要使用直径为18 厘米的咕咕霍夫模。

TIP 为了方便脱模，模具内侧要均匀地刷上黄油。

1 咕咕霍夫模内侧均匀地涂上黄油。

2 牛奶加热后加入速溶咖啡粉搅拌至溶化，如果葡萄干比较硬，可以一起泡在牛奶里软化。

3 鸡蛋、细砂糖、芥花子油一起打匀。

4 再加入牛奶咖啡和葡萄干，打匀。

5 筛入粉类，翻拌均匀。

6 开火煮水，同时把面糊倒入模具内。

7 水开后，高火蒸制18分钟左右。

8 用筷子扎一下蛋糕中心拔出，如果没有面糊粘在筷子上就取出晾凉。

9 模具倒扣，轻磕一下让蛋糕脱模后放滤网上冷却。

犯懒的时候偶尔会买松饼预拌粉回家，不过因为做法太单一，吃过几次就腻了。下面就为大家介绍几种消耗预拌粉的好方法。

Part **6**

用松饼预拌粉制作的

蛋糕

黑芝麻海绵蛋糕

使用松饼预拌粉也能做出松软好吃的海绵蛋糕。

1 蛋白打出白色泡沫后分 2 次加糖和盐，高速打发。

2 蛋白打至硬性发泡后加蛋黄，继续打发（约 1 分钟）。

3 筛入松饼预拌粉，翻拌几下，再加入黑芝麻拌匀。

4 牛奶分 2~3 次加入，搅拌均匀。

5 用刮刀整理面糊，集中到一起。

6 面糊倒入电饭煲内胆内，抹平表面。

7 设定蒸煮功能 40 分钟（或煮饭功能 2 次）即可。

8 利用锅盖小心取出蛋糕，放滤网上冷却。

9 切成八等份，分别包上保鲜膜保存。

鸡蛋烘饼

用电饭煲做一个特大号鸡蛋烘饼来吃吧。

原料 /10 人用

松饼预拌粉	200 克
鸡蛋	1 个
牛奶	100 克

辅料

鸡蛋	7 个
盐和黑胡椒粉	适量

准备

电饭煲内胆要均匀地刷上黄油。

TIP 鸡蛋烘饼用盐调味，黑胡椒粉有点睛的作用。

1 鸡蛋和牛奶打匀。

2 加入松饼预拌粉，拌匀。

3 拌好的面糊应没有结块的粉状物，很顺滑。

4 倒入 2/3 的面糊，晃动电饭煲内胆让面糊铺匀。

5 把 7 个鸡蛋打在面糊上，小心不要弄破蛋黄，撒盐和黑胡椒粉。

6 把剩下的面糊倒进去，不盖过鸡蛋也没关系，也可以按个人喜好撒干欧芹碎。

7 设定蒸煮功能 40 分钟（或煮饭功能 2 次）即可。

8 利用锅盖小心取出蛋糕，放滤网上冷却。

9 鸡蛋烘饼热吃比较美味，如果凉了用微波炉加热再食用。

菠菜玛芬

觉得松饼预拌粉的味道很单一？加了菠菜汁后就不一样了。

原料 /9 个量

松饼预拌粉	300 克
鸡蛋	2 个
芥花子油	30 克
水	200 克
烫熟的菠菜	100 克
葡萄干	1/2 杯

准备

菠菜提前烫熟后挤干水分备用。

TIP 菠菜如果直接用会有特殊的草青味，所以一定要烫熟再用。

1 挤干水分的菠菜加水打成菜汁，葡萄干用剪刀剪碎。

2 鸡蛋加芥花子油打匀。

3 加入菠菜汁打匀。

4 加入松饼预拌粉，翻拌均匀。

5 加入葡萄干拌匀，同时开火煮水。

6 面糊倒入模子里八成满。

7 水开后，高火蒸制 15 分钟左右。

8 用筷子扎一下蛋糕中心拔出，如果没有面糊粘在筷子上就取出晾凉。

9 为了防止水蒸气浸湿纸膜，蒸熟后马上取出蛋糕，放滤网上冷却。

普普通通的松饼用巧克力装饰一下马上就鲜活起来。

原料 /20 个量

松饼预拌粉	250 克
牛奶	140 克
鸡蛋	1 个
草莓果酱	适量
装饰黑巧克力	50 克

TIP 挤完面糊后，裱花袋袋口的位置折一下反过来放在杯子里，下次取用会很方便。

1 鸡蛋加牛奶打匀。

2 加入松饼预拌粉，翻拌均匀。

3 面糊装入裱花袋。

4 平底锅抹黄油或者植物油后用厨房纸巾擦一下，再把面糊挤在平底锅上。

5 小火煎 6~7 分钟，煎至表面有气泡。

6 翻面，继续小火煎 1~2 分钟后取出晾凉。

7 冷却后的松饼抹上草莓果酱，两片粘在一起。

8 装饰黑巧克力装入裱花袋，隔温水熔化。

9 剪小口，在松饼上画出笑脸图案。

迷你
巧克力派

笑脸松饼的进阶版，再花点心思就变成迷你巧克力派了。

原料 /20 个量

松饼预拌粉	250 克
牛奶	140 克
鸡蛋	1 个
棉花糖	20 克
装饰黑巧克力	200 克

准备

砧板上铺好保鲜膜。

TIP 如果把装饰黑巧克力的一半换成等量的牛奶巧克力，味道会更好。

1 参考第 135 页笑脸松饼做法，做出迷你松饼冷却备用。

2 使用圆形的棉花糖，成品才更漂亮。

3 用两片松饼夹住棉花糖，放微波炉加热 10 秒左右。

4 轻轻压紧，让熔化的棉花糖和松饼黏合。

5 装饰黑巧克力隔温水熔化。

6 蛋糕底部先粘满巧克力糊后放到平底锅铲上，用勺子把巧克力糊均匀地浇在蛋糕上，再抹平，去掉多余的巧克力糊。

7 利用筷子把蛋糕转移到铺好保鲜膜的砧板上。

8 剩下的巧克力再次隔温水熔化后装入裱花袋。

9 剪小口，在凝固的巧克力派上画出花纹。

生日或者特殊的日子里必不可少的鲜奶油蛋糕，如果是自己做的一定更有意义。下面给大家介绍利用海绵蛋糕做出只属于自己的鲜奶油蛋糕的方法。

Part **7**

为了特别的日子制作的

鲜奶油蛋糕

草莓奶油
蛋糕

草莓奶油蛋糕是最基础的奶油蛋糕，不需要很高的裱花技术，只用草莓简单装饰一下就会很华丽，适合初学者。

原味海绵蛋糕 1 个		**装饰**	
糖	适量	鲜奶油	500 克
糖浆		细砂糖	50 克
热水	50 克	草莓	约 30 个
细砂糖	2 T		
咖啡	2 t		

糖浆原料搅拌均匀冷却备用。

TIP 装饰用的草莓对半切开后，放在厨房纸巾上吸干水分再用。

1 参考第 20 页制作原味海绵蛋糕，然后横切成三等份。

2 草莓洗净控干水分，装饰用草莓切半，夹心用草莓切片。

3 鲜奶油加糖打发。

4 取一片原味海绵蛋糕，均匀地洒上糖浆。

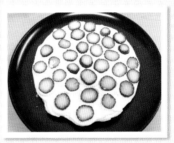

5 抹上鲜奶油，铺上草莓片后轻压一下固定。

6 再铺上第二片原味海绵蛋糕，重复之前的过程，铺上最后一片原味海绵蛋糕。

7 用鲜奶油抹平表面。

8 用手指把沾在盘子边缘的鲜奶油擦干净。

9 最后把切半的草莓粘在侧面装饰即可。

咖啡奶油
蛋糕

不过分甜腻、飘着淡淡咖啡香的咖啡奶油蛋糕是大人喜欢的口味。

原料 /10 人用

咖啡海绵蛋糕	1 个	**装饰**	
糖浆		鲜奶油	500 克
热水	50 克	咖啡浓缩液	2t
细砂糖	2T	奇异果	3 个
咖啡浓缩液		**巧克力酱**	
热水	1T	黑巧克力	30 克
速溶咖啡粉	5T	动物性鲜奶油	30 克

准备

· 糖浆原料搅拌均匀后冷却备用。

· 咖啡浓缩液原料搅拌均匀后冷却备用。

TIP 可以利用微波炉的转盘代替裱花转台使用。

1 参考第 25 页制作咖啡海绵蛋糕，然后横切成三等份。

2 糖浆和咖啡浓缩液提前做好冷却备用。

3 打发鲜奶油，如果是无糖鲜奶油则加入 50 克糖一起打发，打至八成发后加入咖啡浓缩液继续打至全发。

4 取一片咖啡海绵蛋糕，均匀地洒上糖浆，抹上鲜奶油，铺上切片的奇异果。

5 重复这个过程，铺上最后一片咖啡海绵蛋糕后用足量的鲜奶油抹平表面。

6 剩下的鲜奶油装入裱花袋，使用 7 齿裱花嘴，在蛋糕中心和底边挤出花纹。

7 巧克力酱的原料混匀后隔温水加热熔化。

8 冷却至微温后装入裱花袋，剪小口，装饰在蛋糕边缘。再切碎分量外的黑巧克力撒在蛋糕中心装饰。

9 牙签贴着侧面转动转台，使巧克力酱形成自然的纹理。

经典的黑森林蛋糕用巧克力和樱桃装饰，味道和外表一样鲜美。

原料/6 人用

巧克力海绵蛋糕		装饰	
低筋面粉	120 克	鲜奶油	400 克
可可粉	20 克	可可粉	3T
泡打粉	1/2 t	草莓	10 个
鸡蛋	3 个	樱桃	6 个
细砂糖	100 克	黑巧克力	100 克
芥花子油	30 克	装饰黑巧克力	100 克
牛奶	70 克		

TIP 也可以使用巧克力砖来刨巧克力屑或直接买回成品装饰。

1 参考第 24 页制作巧克力海绵蛋糕，然后横切成三等份。

2 黑巧克力和装饰黑巧克力混匀后隔温水加热熔化。

3 倒入铺好保鲜膜的方形盒子里，凝固后备用。

4 打发鲜奶油，如果是无糖鲜奶油则加入 40 克糖一起打发，打至八成发后加入可可粉继续打至全发。

5 取一片巧克力海绵蛋糕，抹上鲜奶油，铺上草莓后轻压一下固定。

6 重复这个过程，铺上最后一片巧克力海绵蛋糕后用足量的鲜奶油抹平表面。

7 用小刀或勺子刮出巧克力屑装饰在蛋糕表面。

8 侧面的巧克力屑用牙签和勺子粘上。

9 剩余的鲜奶油装入裱花袋，使用 5 齿裱花嘴，在表面挤出 6 个圈，摆上樱桃，用葡萄或者草莓代替樱桃也可以。

抹茶奶油
蛋糕

蛋糕模仿戚风蛋糕做成中空形，又用淡绿色鲜奶油挤出叶子的形状，是款
很春天的奶油蛋糕。

原料 /10 人用

抹茶海绵蛋糕	1 个	**装饰**	
糖浆		鲜奶油	500 克
热水	50 克	草莓	5 个
细砂糖	2 T	奇异果	2 个
		抹茶粉	适量

准备

糖浆原料搅拌均匀后冷却备用。

TIP ·如果抹茶粉加得过多会导致味道太苦，所以请酌情加入。

·如果鲜奶油过度打发，可以混合少量没有打发的鲜奶油来调整。

1 参考第 25 页制作抹茶海绵蛋糕，然后横切成三等份。

2 用蛋糕刀切掉中心的部分，做成中空形。

3 打发鲜奶油，如果是无糖鲜奶油则加入 50 克细砂糖一起打发。

4 取一片抹茶海绵蛋糕，均匀地洒上糖浆后抹上鲜奶油，再铺上草莓和奇异果轻压一下固定。

5 重复这个过程，铺上最后一片抹茶海绵蛋糕后用足量的鲜奶油抹平表面。

6 抹茶粉用一点热水化开。

7 一点点加到剩余的鲜奶油里打匀，变成淡绿色就可以，不要加过量。

8 抹茶鲜奶油装入裱花袋，在蛋糕表面挤成叶子的形状。

9 用牙签蘸一点化开的抹茶粉做出叶子的纹理，再用勺子背面蘸一点轻轻抹在侧面装饰即可。

南瓜奶油
蛋糕

利用糙米面包预拌粉和南瓜制作的这款蛋糕，因为减少了鲜奶油的用量，所以一点都不腻，适合老年人食用。

原料 /10 人用

糙米面包预拌粉	90 克	**装饰**	
鸡蛋	3 个	鲜奶油	250 克
细砂糖	90 克	南瓜	250 克
芥花子油	30 克	细砂糖	1 T
牛奶	40 克	草莓	5 个

准备

南瓜提前蒸熟备用

TIP 边缘的奶油装饰需要从心形凹进去的部分开始，两边以相反方向画圈，对称地挤出花纹。

*糙米面包预拌粉里添加了麸质，可以用来制作糙米面包。

1 参考第 20 页制作原味海绵蛋糕，然后横切成两等份。

2 蒸熟的南瓜去皮后压成泥，加入 1 T 细砂糖拌匀。

3 冷却的原味海绵蛋糕用刀修整成心形。

4 打发鲜奶油，如果是无糖鲜奶油则加入 2 T 细砂糖一起打发，打至八成发后加入南瓜泥打匀。

5 取一片原味海绵蛋糕，抹上南瓜奶油后铺上草莓轻压一下固定。

6 重复这个过程，最后用奶油抹平表面。

7 剩余的鲜奶油里再加一点南瓜泥，使颜色更深一些。

8 装入裱花袋，使用 5 齿裱花嘴，在边缘挤出花纹。

9 南瓜皮用刀刻出 "LOVE" 字样和虚线，装饰在表面和底边。

草莓巧克力
淋酱蛋糕

不需要高超的裱花技术也能做的草莓巧克力淋酱蛋糕，效果不俗。

原料 /10 人用

巧克力海绵蛋糕 1 个	**夹心**	
草莓	20 个	鲜奶油	250 克
糖浆		细砂糖	2T
热水	50 克	**巧克力酱**	
细砂糖	2T	黑巧克力	200 克
速溶咖啡粉	2t	动物性鲜奶油	200 克

准备

草莓洗净去蒂后留几颗做装饰表面，剩下的切片备用。

TIP 用锡纸垫在蛋糕下面，可以避免转移蛋糕时破坏蛋糕体。

1 参考第 24 页制作巧克力海绵蛋糕，然后横切成三等份。

2 锡纸剪成比蛋糕直径略小的圆形，2~3 张重叠后备用。

3 糖浆原料搅拌均匀后冷却备用。

4 鲜奶油加糖打发，如果是含糖鲜奶油可省掉糖。

5 晾架上铺准备好的锡纸，取一片巧克力海绵蛋糕放在上面，均匀地洒上糖浆，抹鲜奶油后铺草莓轻压一下固定。

6 重复这个过程，铺上最后一片巧克力海绵蛋糕后用抹刀把边缘多余的奶油去掉。

7 动物性鲜奶油加热，冒小泡后关火加入黑巧克力搅拌均匀。

8 巧克力酱冷却至微温后浇在蛋糕上。

9 等巧克力酱凝固后利用筷子把蛋糕转移到盘子里，冷藏保存。

151

古典巧克力蛋糕

有着浓浓巧克力风味的古典巧克力蛋糕也可以用电饭煲来制作哦。

原料 /10 人用

低筋面粉	50 克
鸡蛋	4 个
细砂糖	80 克
黑巧克力	150 克
动物性鲜奶油	100 克
芥花子油	30 克

准备

· 分离蛋白和蛋黄。
· 电饭煲内胆要均匀地刷上黄油。

TIP 古典巧克力蛋糕使用的粉量比较少，所以冷却后会回缩一些。

1 动物性鲜奶油和黑巧克力隔温水熔化，搅拌均匀成巧克力酱。

2 巧克力酱冷却至微温，加入蛋黄搅拌均匀，再加入芥花子油搅拌均匀。注意：巧克力酱一定要先冷却再加蛋黄，如果温度太高会把蛋黄烫熟。

3 蛋白打出白色泡沫后加糖，高速打发。

4 分2次把巧克力酱加到蛋白里，用手动打蛋器轻轻拌匀。

5 筛入低筋面粉，轻轻拌匀。

6 用刮刀整理面糊，集中到一起。

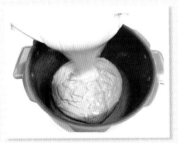

7 面糊倒入电饭煲内胆内，抹平表面。

8 设定蒸煮功能50分钟即可。

9 小心把蛋糕倒扣出来，切成八等份。放滤网上冷却后冷藏保存。

草莓星辰
蛋糕

这款蛋糕推荐给对裱花技术没有信心的朋友们。

草莓海绵蛋糕		糖浆	
低筋面粉	140 克	热水	50 克
天然草莓粉	20 克	细砂糖	2 T
泡打粉	1/2 t	**装饰**	
鸡蛋	3 个	鲜奶油	100 克
细砂糖	120 克	草莓	10 个
芥花子油	40 克	冻干草莓碎	30 克
牛奶	70 克		

TIP 剩余的冻干草莓碎需要密封冷冻保存。

1 参考第 61 页制作草莓海绵蛋糕，然后横切成三等份。

2 草莓洗净去蒂后切成适当大小。

3 糖浆原料搅拌均匀后冷却备用。

4 打发鲜奶油，如果是无糖鲜奶油则加入 40 克细砂糖一起打发。

5 取一片海绵蛋糕，均匀地洒上糖浆。

6 抹上鲜奶油后铺上草莓轻压一下固定。

7 重复这个过程，铺上最后一片海绵蛋糕。

8 表面用鲜奶油抹匀。

9 把冻干草莓碎均匀地撒在蛋糕表面，再用巧克力标牌和饼干装饰一下。

快手奶油
蛋糕

用市售的海绵蛋糕来制作这款超级简单的奶油蛋糕吧。

原料

市售海绵蛋糕	3	个
鲜奶油	200	克
黄桃罐头	1	个
奇异果	1	个
蛋卷	4	个

TIP 比起我用的这种椭圆形的小蛋糕，圆形的大尺寸海绵蛋糕更为方便。

1 按图片摆好蛋糕，切掉多余的部分。

2 每个横切两等份。

3 打发鲜奶油，如果是无糖鲜奶油则加入2T细砂糖一起打发。

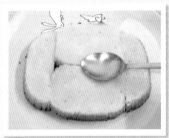

4 摆好一层蛋糕，均匀地刷上黄桃罐头的糖汁。

5 抹上鲜奶油，铺上切块的黄桃，再抹一层鲜奶油。

6 把剩下的蛋糕摆上，刷上罐头的糖汁。

7 表面用鲜奶油抹平。

8 蛋卷切一下，粘在蛋糕的侧面。

9 按个人喜好用水果装饰表面。

157

迷你爱心
蛋糕

这款也是用市售海绵蛋糕制作的，只花一点时间就能做出惊艳的效果。

原料

市售海绵蛋糕	4 个	细砂糖	2 T
鲜奶油	100 克	速溶咖啡粉	2 t
各种水果	适量	饼干碎	适量

糖浆

| 热水 | 50 克 | | |

准备

糖浆原料搅拌均匀后冷却备用。

TIP 因为蛋糕本身尺寸迷你，所以装饰的水果尽量切成小块，这样铺满后才会好看。

1 市售海绵蛋糕按对角线分切成两块。

2 拼成心形后修整下边缘。

3 再横切成两等份，均匀地刷上糖浆。

4 取下面那片蛋糕抹上鲜奶油，用另外一片盖住，再拼成心形。

5 表面用鲜奶油抹平。

6 剩下的鲜奶油装入裱花袋，在边缘挤一圈装饰。

7 用水果把中心填满，底边粘一圈饼干碎。

8 可以按个人喜好使用草莓、黄桃、奇异果等其他水果。

9 没有水果的话，也可以把抹茶粉、可可粉等有颜色的粉类筛在表面装饰。

又到了一年一度的圣诞节，与家人一起来制作特别的圣诞蛋糕吧。

Part 8

与家人一起制作的

圣诞蛋糕

圣诞树蛋糕

Merry Christmas

提起圣诞节，第一个想到的就是圣诞树了，以此为灵感创作了这款
圣诞树蛋糕。

原料 /10 人用

抹茶海绵蛋糕 1 个	**装饰**	
糖浆	鲜奶油	200 克
热水	50 克	草莓	30 个
细砂糖	2 T	彩糖	适量

准备

· 糖浆原料搅拌均匀后冷却备用。
· 草莓切片备用。

TIP 用各种各样的原料与家人一起装扮蛋糕吧。

1 参考第 25 页制作抹茶海绵蛋糕，然后横切成三等份。

2 取 1 片抹茶海绵蛋糕，大概估计一下尺寸，切出由小到大的 3 片圆形蛋糕。

3 剩下 2 片抹茶海绵蛋糕，各自切出比上一片尺寸大一点的圆形蛋糕。

4 总共切出 5 片蛋糕，叠成金字塔状。

5 打发鲜奶油，如果是无糖鲜奶油则加入 20 克细砂糖一起打发。

6 把直径最大的蛋糕铺在盘子上，均匀地洒上糖浆。

7 抹上鲜奶油，把切半的草莓摆一圈后轻压一下固定。

8 中心部分再加点鲜奶油抹平，铺上切片的草莓后盖上蛋糕，剩下 4 层重复这个过程。

9 筛上糖粉，最后用圣诞插牌和彩糖装饰。

这款圣诞气息很浓的巧克力蛋糕推荐给不会裱花的朋友们。

原料 /10 人用

巧克力海绵蛋糕 1 个　**装饰**

糖浆		鲜奶油	200 克
热水	50 克	草莓	15 个
细砂糖	2 T	糖粉	适量
速溶咖啡粉	2 t		

准备

· 糖浆原料搅拌均匀后冷却备用。

· 草莓切片备用。

TIP 如果蛋糕需要送人或隔夜存放，就用防潮糖粉代替普通糖粉筛在表面。

1 参考第 24 页制作巧克力海绵蛋糕，然后横切成三等份。

2 打发鲜奶油，如果是无糖鲜奶油则加入 20 克细砂糖一起打发。

3 取 1 片巧克力海绵蛋糕，均匀地洒上糖浆。

4 打发的鲜奶油装入裱花袋，使用圆裱花嘴，由外向内挤上奶油。

5 中心部分抹上奶油，铺上切片的草莓再加一点奶油抹平。

6 盖上另外 1 片巧克力海绵蛋糕，重复这个过程。

7 白纸剪出星星形状后放在蛋糕表面，筛上糖粉。

8 小心拿开白纸。

9 最后用圣诞插牌和草莓装饰。

圣诞花环
蛋糕

MERRY CHRISTMAS

用代表圣诞的红、白、绿色装饰成圣诞花环的蛋糕，你喜欢吗？

原料 /10 人用

原味海绵蛋糕 1 个　　**装饰**
糖浆　　　　　　　鲜奶油　　　500 克
热水　　　　50 克　　樱桃派馅　　　1 罐
细砂糖　　　　2T　　草莓　　　　　5 个
速溶咖啡粉　　2t　　奇异果　　　　2 个
　　　　　　　　　　食用绿色色素 适量

准备

糖浆原料搅拌均匀后冷却备用。

TIP 因为樱桃派馅的果肉很软，所以装饰的时候要小心别弄碎。

1 参考第 20 页制作原味海绵蛋糕，然后横切成两等份。

2 从中心切出直径 6 厘米左右的部分，做成中空形。

3 打发鲜奶油，如果是无糖鲜奶油则加入 50 克细砂糖打发。

4 取 1 片蛋糕，均匀地洒上糖浆，抹上鲜奶油后铺水果轻压一下固定。

5 用另外 1 片蛋糕盖上，表面用鲜奶油抹平。

6 准备叶齿裱花嘴和绿色色素。

7 剩下的鲜奶油加一点绿色色素调好颜色。

8 装入裱花袋，在边缘挤出树叶形状。

9 用勺子舀出樱桃派馅，小心地铺满中间的部分。

雪人蛋糕

Merry Christmas

可爱的造型和颜色，这是一款绝对会受小孩子欢迎的圣诞蛋糕。

原料 /10 人用

咖啡海绵蛋糕	1 个	草莓	10 个
糖浆		市售海绵蛋糕	1 个
热水	50 克	食用红色色素	适量
细砂糖	2 T	巧克力豆	适量
装饰		彩糖	适量
鲜奶油	300 克		

准备

糖浆原料搅拌均匀后冷却备用。

TIP 可用其他口味的海绵蛋糕代替咖啡海绵蛋糕。

1 参考第 25 页制作咖啡海绵蛋糕，然后横切成三等份。

2 留 1 片，剩下 2 片分别用刀切成直径小一圈的圆形。

3 打发鲜奶油，取出 1/3 的量加一点红色色素调成粉色的鲜奶油。

4 直径最大的 1 片咖啡海绵蛋糕打底，均匀地洒上糖浆，抹鲜奶油后铺上草莓。

5 重复这个过程，最后用粉色鲜奶油抹平表面，即成雪人的身体。

6 市售海绵蛋糕切掉两边，中间的部分做雪人的头部。

7 从咖啡海绵蛋糕的边角料里切出 2 个小圆柱形蛋糕做雪人的帽子。

8 头部用白色、帽子用粉色鲜奶油抹平，帽子还要做出尖尖的形状。

9 剩余的白色鲜奶油装入裱花袋，挤出雪人的帽檐、耳罩和花边，最后用巧克力豆和彩糖装饰。

树桩蛋糕

这款是改良版的树桩蛋糕，用巧克力酱画出年轮，巧克力屑表现出树桩的粗糙感。

原料 /10 人用			
巧克力海绵蛋糕 1 个		**糖浆**	
装饰		热水	50 克
鲜奶油	500 克	细砂糖	2 T
可可粉	4 T	速溶咖啡粉	2 t
草莓	20 个	**巧克力酱**	
巧克力屑	100 克	黑巧克力	60 克
		动物性鲜奶油	30 克

准备

糖浆原料搅拌均匀后冷却备用。

TIP 先用一点热水化开可可粉后再加到鲜奶油里，会更容易混合均匀。

1 参考第 24 页制作巧克力海绵蛋糕，然后横切成三等份。

2 可可粉加到鲜奶油里打发，如果是无糖鲜奶油则加入 50 克细砂糖一起打发。

3 取 1 片巧克力海绵蛋糕，均匀地洒上糖浆，抹鲜奶油后铺上草莓。

4 重复这个过程，最后用鲜奶油抹平表面。

5 动物性鲜奶油和黑巧克力隔温水熔化，搅拌均匀成巧克力酱。

6 晾至微温的巧克力酱装入裱花袋，从中心向外以螺旋状挤出花纹。

7 趁巧克力酱凝固之前用牙签由外向内画出纹路。

8 利用抹刀把巧克力屑粘在蛋糕侧面。

9 侧面的交界处要用手辅助把巧克力屑粘好。

櫻桃愛心蛋糕

心形的櫻桃蛋糕配上顏色漂亮的櫻桃派餡，送給最愛的人。

原料 /10 人用			准备

海绵蛋糕 | | | **樱桃派馅** | 1 杯

海绵蛋糕		樱桃派馅	1 杯
低筋面粉	90 克	**装饰**	
鸡蛋	3 个	鲜奶油	300 克
细砂糖	90 克	樱桃派馅	1/2 罐
芥花子油	30 克		
牛奶	30 克		

准备

· 加到蛋糕体里的樱桃派馅需要用剪刀剪碎果肉再加入。

· 电饭煲内胆要均匀地刷上黄油。

TIP 剩余的樱桃派馅需要冷冻保存，需要时取出用微波炉解冻后使用。

1 蛋白加糖打至硬性发泡后加蛋黄打匀。

2 加芥花子油打匀后，筛入低筋面粉，轻轻翻拌几下。

3 大致拌匀后加入牛奶拌匀，再加入樱桃派馅拌匀。

4 用刮刀整理面糊，集中到一起。

5 面糊倒入电饭煲内胆中，设定蒸煮功能 40 分钟（或煮饭功能 2 次）即可。

6 蛋糕完全冷却后用刀修整成心形。

7 打发鲜奶油，如果是无糖鲜奶油则加入 30 克细砂糖一起打发。用鲜奶油抹平蛋糕的表面。

8 剩下的鲜奶油装入裱花袋，用圆形花嘴在外围挤一圈。

9 用勺子小心舀出樱桃派馅，填满中间的部分。

可爱的蘑菇造型蛋糕让人心情大好。

原料 /10 人用

原味海绵蛋糕　　2 个　**装饰**

糖浆　　　　　　　　鲜奶油　　　　400 克
热水　　　　　50 克　草莓　　　　　15 个
细砂糖　　　　2 T　食用红色色素　适量
速溶咖啡粉　　2 t

准备

糖浆原料搅拌均匀后冷却备用。

 屋顶上的黄色星星是奶酪片做的，用星星饼干模刻出图案，装饰在屋顶即可。

1 参考第 20 页制作 2 个原味海绵蛋糕。

2 当底座的海绵蛋糕要切小一圈，去掉 3 厘米左右，再横切成两等份。

3 另外的原味海绵蛋糕横切成三等份，再逐次切小一圈，叠成金字塔形。

4 打发鲜奶油，如果是无糖鲜奶油则加入 40 克细砂糖一起打发，取出 1/4 的量加少量红色色素调成粉色鲜奶油。

5 取 1 片当底座的原味海绵蛋糕均匀地洒上糖浆，抹上鲜奶油铺上草莓轻压固定。

6 盖上另外 1 片原味海绵蛋糕后用鲜奶油抹平表面。

7 做屋顶的原味海绵蛋糕片取直径最大的放在底座上，同样以糖浆、鲜奶油、草莓的顺序叠起来。

8 用粉色鲜奶油抹平表面。

9 最后用圣诞插牌和水果装饰即可。

这是用饼干和蛋糕搭起来的童话小屋，如果能住在这么甜蜜的屋子里一定会很幸福吧。

原料 /6 人用

原味海绵蛋糕	1 个	巧克力排	8 个
鲜奶油	300 克	**玄关**	
细砂糖	30 克	装饰黑巧克力和装饰	
草莓	5 个	白巧克力	适量

墙壁 & 屋顶
巧克力饼干棒 60 个

TIP 利用装饰物做出属于你自己的圣诞饼干小屋吧。

1 参考第 20 页制作原味海绵蛋糕，然后冷却备用。

2 按图示切出小屋的雏形。

3 再横切成两等份。

4 鲜奶油加糖打发后抹在下层的蛋糕片上，铺上草莓轻压固定。

5 再把上半部分盖上，整体抹上鲜奶油，抹平表面。

6 巧克力饼干棒按小屋的高度切开，一根一根紧密地粘在蛋糕侧面。

7 屋顶再加一点鲜奶油抹平后粘上巧克力棒。

8 装饰黑巧克力装入裱花袋，隔温水熔化后剪个小口，先在塑料片上画出大门的形状，凝固后再用白巧克力画出纹理。

9 巧克力大门完全凝固后轻轻取下，用熔化的巧克力粘在小屋的正面。屋顶用剩余的鲜奶油和糖粉装饰，做出积雪的样子。

圣诞年轮
蛋糕

 海绵蛋糕以螺旋状切开后抹上果酱卷起，再简单装饰一下就变成有趣的圣诞年轮蛋糕了。

原料 /10 人用

原味海绵蛋糕	1 个
装饰	
装饰黑巧克力	100 克
牛奶巧克力	100 克
草莓果酱	适量

TIP 烤好的原味海绵蛋糕需要密封半天以上来保证蛋糕体足够湿润，才能防止在切的过程中断掉。

1 参考第 20 页制作原味海绵蛋糕，然后冷却备用。

2 刀直立，从外侧开始向内呈螺旋状切开，厚度保持在 15 厘米。

3 一点点撑开蛋糕体，留出涂抹果酱的间隙。

4 把果酱均匀地抹在蛋糕上，从中心开始卷起。

5 两种巧克力混匀后隔温水熔化。

6 冷却至浓稠、可以涂抹的程度后用勺子一点点抹在蛋糕的侧面。

7 趁巧克力凝固前用叉子画出纹路，模仿树的纹理。

8 用厨房纸巾把沾在盘子上的巧克力擦干净。

9 剩余的巧克力装入裱花袋挤出各种形状，凝固后装饰在蛋糕上。

迷你树桩
蛋糕

树桩蛋糕是很有代表性的圣诞蛋糕，这次我用了平底锅来制作蛋糕坯。

原料

低筋面粉	40 克
可可粉	1 T
鸡蛋	2 个
细砂糖	40 克
芥花子油	30 克
鲜奶油	100 克

准备

需要直径30 厘米左右的平底锅。

TIP 刚做好的蛋糕坯比较脆，所以需要密封保存半天以上来软化，这样才不会卷断。

1 蛋白加糖打至硬性发泡后加入蛋黄、芥花子油打匀。

2 筛入粉类，翻拌均匀。

3 平底锅需要薄薄地涂一层黄油，再把面糊倒进去，抹平表面后盖上锅盖，调小火，用比燃气灶小火刻度的火苗还要小 1/2 左右的火苗烤制 15 分钟。

4 使用锅铲小心地分离开蛋糕，再倒扣在铺好保鲜膜的砧板上冷却。

5 表面也要盖保鲜膜，防止蛋糕体变干。

6 等蛋糕体变湿润后分别切掉上下两面，抹上打发的鲜奶油。

7 利用擀面杖和刀，把蛋糕卷起。

8 卷好后，包上保鲜膜冷冻一会儿定型。切掉两边修整成圆柱状，再从 1/3 处切开。

9 拼接成"T"形，表面抹上打发的鲜奶油，最后用叉子在表面画出树纹即可。

如果想送出一份特别的礼物，那充满爱心的手工卡通蛋糕绝对是不二之选。家里有小孩子的话还可以让他们一起制作，给孩子们留下美好的童年回忆。

Part 9

可爱的

卡通蛋糕

Bonobono 蛋糕

《Bonobono》是我很喜欢的动画片，讲述了聪明可爱的小海豹 Bonobono 和它的朋友之间发生的小故事。

原料 /6 人用		
原味海绵蛋糕		蜂蜜	2 T
低筋面粉	90 克	**装饰**	
鸡蛋	3 个	鲜奶油	150 克
细砂糖	90 克	草莓	10 个
芥花子油	30 克	食用蓝色色素	适量
牛奶	30 克	巧克力豆	适量
糖浆			
热水	50 克		

TIP 想要蛋糕体更高一些的话，就多加一片原味海绵蛋糕。

1 参考第 20 页制作原味海绵蛋糕，然后冷却备用。

2 横切成三等份，只使用其中 2 片，如果是用 10 人用电饭煲就横切成两等份。

3 糖浆原料搅拌均匀后冷却备用。

4 打发鲜奶油，如果是无糖鲜奶油则加入 1 T 细砂糖一起打发。

5 取出 1/3 量的鲜奶油加少量食用蓝色色素打匀。

6 取一片蛋糕，均匀地刷上糖浆。

7 抹上鲜奶油后摆上草莓轻压固定。

8 用另一片蛋糕盖住，再用蓝色奶油抹平表面。用牙签画出鼻子和嘴的轮廓。

9 最后用白色奶油、巧克力豆装饰出眼睛和鼻子等细节。

Poroli 蛋糕

Bonobono 的朋友 Poroli 是一只聪明、勇敢又善良的小松鼠。

原料/6 人用

原味海绵蛋糕		装饰	
低筋面粉	90 克	鲜奶油	200 克
鸡蛋	3 个	百年草粉	2 T
细砂糖	90 克	水	2 T
芥花子油	30 克	草莓	10 个
牛奶	30 克	装饰黑巧克力	适量
		白巧克力	适量

TIP ·如果是用 10 人用电饭煲制作的蛋糕坯，就横切成两等份再修整使用。
·没有百年草粉的话，可以用少量食用色素来代替。

1 参考第 20 页制作原味海绵蛋糕，然后冷却备用。

2 横切成三等份，只使用其中 2 片，重叠后修整成椭圆形。

3 百年草粉加一点水化开。

4 打发鲜奶油，如果是无糖鲜奶油则加入 20 克细砂糖一起打发。取一半量加入化开的百年草粉打匀。

5 取 1 片蛋糕，抹鲜奶油后摆上草莓轻压固定，再用另外 1 片蛋糕盖住。

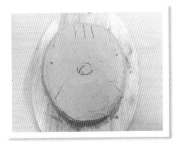

6 表面用粉色鲜奶油抹平，再用牙签画出轮廓。

7 先刮掉鼻部以下的奶油，再用白色鲜奶油挤满后抹平。

8 把装饰黑巧克力装入裱花袋，隔温水熔化后剪小口，画出脸部的细节，再用化开的百年草粉画出嘴唇部分。

9 纽扣状的白巧克力抹上粉色奶油做成耳朵，再用牙签固定在头顶。

Neburi 蛋糕

Bonobono 的另一个朋友 Neburi 以欺负 Poroli 为乐，是一只刀子嘴、豆腐心的可爱小浣熊。

原料 /6 人用

原味海绵蛋糕		装饰	
低筋面粉	90 克	鲜奶油	200 克
鸡蛋	3 个	黄金奶酪粉	2 T
细砂糖	90 克	水	1 T
芥花子油	30 克	草莓	10 个
牛奶	30 克	红豆沙馅	适量

TIP 也可以用巧克力画出眼眶, 凝固后使用。

1 参考第 20 页制作原味海绵蛋糕, 然后冷却备用。

2 横切成三等份, 只使用其中两片, 重叠后修整成菱形。

3 黄金奶酪粉加一点水化开。

4 打发鲜奶油, 取出一半后加入化开的黄金奶酪粉打匀。

5 取 1 片蛋糕, 抹鲜奶油后摆上草莓轻压固定, 再用另外 1 片蛋糕盖住。

6 表面用黄色奶油抹平, 再用牙签画出轮廓。

7 用红豆沙馅捏出眼眶的形状, 摆在蛋糕上。

8 用白色奶油挤出眼睛和嘴的部分, 抹平, 再用巧克力豆装饰出眼球和鼻子。

9 海绵蛋糕的边角料切成耳朵的形状, 抹上黄色奶油后用牙签固定在头顶。

189

Pororo 蛋糕

小企鹅Pororo非常淘气，同时有着超强的好奇心，虽然它老是跌倒，甚至跌倒的时间要比在滑雪板上的时间还要多，不过却一直带给别人欢笑和乐趣，这样的Pororo的确是个令人喜爱的小家伙。

原料 /6 人用

原味海绵蛋糕		装饰	
低筋面粉	90 克	鲜奶油	250 克
鸡蛋	3 个	草莓	5 个
细砂糖	90 克	南瓜	1 个
芥花子油	40 克	地瓜	适量
牛奶	30 克	黄金奶酪粉	适量

准备

·参考第 20 页制作原味海绵蛋糕，然后冷却备用。
·南瓜和地瓜提前蒸熟去皮备用。

TIP 如果南瓜水分太少，就用鲜奶油和糖来调整稠度。

1 蒸熟的南瓜去皮后压成泥。

2 原味海绵蛋糕横切成两等份，再把两边切掉。

3 打发鲜奶油，如果是无糖鲜奶油则加入 2 T 细砂糖一起打发。

4 取 1 片蛋糕，抹鲜奶油后摆上草莓轻压固定，再用另外 1 片蛋糕盖住。表面用鲜奶油抹平。

5 取适量蒸熟的地瓜，与南瓜泥混匀后装入裱花袋。

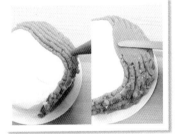

6 用牙签在蛋糕上画出轮廓后把南瓜泥挤在帽子的部分，抹平表面。

7 剩下的南瓜泥取出一小部分与黄金奶酪粉拌匀后装入裱花袋，挤出眼镜框的部分。

8 耳帽部分也要仔细修整。

9 最后用南瓜皮和草莓装饰。

波妞蛋糕

看完《悬崖上的金鱼姬》后因为喜欢波妞这个角色，回家就马上做了这款蛋糕。

原料 /10 人用

原味海绵蛋糕 1 个　　黄桃　　　　1 个
装饰　　　　　　　　食用红色色素 适量
鲜奶油　　　300 克
细砂糖　　　 30 克
咖啡浓缩液　 1t

准备

用速溶咖啡粉和热水制作咖啡浓缩液，尽量调浓稠些。

TIP 抹鲜奶油的时候，需要注意脸颊和下巴的线条。

1 参考第 20 页制作原味海绵蛋糕，然后冷却，横切成三等份。

2 留 1 片蛋糕做身体部分，剩下 2 片重叠后按图片切开做成脸的样子。

3 用边角料做出手的部分，整体大致摆一下，确定每部分所在的位置。

4 打发鲜奶油，分成两份，一份加适量食用红色色素，一份加咖啡浓缩液。

5 身体部分抹上红色鲜奶油，抹平，尽量圆润些。

6 放上脸部的蛋糕片，抹咖啡鲜奶油，摆一层黄桃后用另外 1 片蛋糕盖住。

7 脸部用咖啡鲜奶油抹平，注意脸颊和下巴的线条。

8 剩余的红色鲜奶油装入裱花袋，挤出波妞的头发。

9 最后把手的部分接上，用巧克力和白色鲜奶油装饰出眼睛等细节。

白虎蛋糕

这款白虎蛋糕是 2010 年制作的，凌厉的眼神和面部的花纹栩栩如生，不是吗？

原料 /10 人用

原味海绵蛋糕	1 个	**装饰**	
糖浆		鲜奶油	300 克
热水	50 克	草莓	6 个
细砂糖	2 T	市售海绵蛋糕	1 个
速溶咖啡粉	2 t	装饰黑巧克力	50 克

准备

糖浆原料搅拌均匀后
冷却备用。

TIP 眼睛用食用蓝色色素
会显得更生动。

1 参考第 20 页制作原味海绵蛋糕，然后冷却，横切成两等份。

2 打发鲜奶油，如果是无糖鲜奶油则加入 30 克细砂糖一起打发。

3 取 1 片蛋糕，抹鲜奶油后摆上草莓轻压固定，再用另外 1 片蛋糕盖住。

4 表面用鲜奶油抹平后用牙签画出轮廓。

5 用市售海绵蛋糕做出 2 个耳朵，抹上鲜奶油后用牙签固定在头顶。

6 鼻子和嘴的部分多加一些奶油，做出立体感。

7 装饰黑巧克力装入裱花袋，隔温水熔化。

8 剪个小口，按之前的轮廓画出虎皮的纹理。

9 脸部边缘再加一些鲜奶油，粗略地抹几下，再用牙签画出皮毛的形状。

黄牛蛋糕

这款蛋糕是专门为小朋友们做的，勤劳又憨厚的黄牛笑起来很可爱呀。

原料 /10 人用		
原味海绵蛋糕	1 个	装饰黑巧克力 适量
装饰		食用黄色色素 适量
鲜奶油	300 克	食用红色色素 适量
细砂糖	30 克	
草莓	20 克	
妙脆角	2 个	

准备

参考第20页制作原味海绵蛋糕，然后冷却，横切成三等份。

TIP 没有妙脆角的话，也可以用巧克力画出牛角的形状，等凝固后再粘在蛋糕上。

1 按图示切掉两边。

2 切下的部分做耳朵，中间的部分做头部，再稍微修整一下外形。

3 鲜奶油加糖打发，取出 1/3 的量加少量食用红色色素、黄色色素调成橙色。

4 取 1 片蛋糕，抹鲜奶油后摆上草莓轻压固定，再用另外 1 片蛋糕盖住。

5 重复这个过程，最后 1 片蛋糕分切成两部分，脸部去掉一点高度，做的比嘴部稍低些。把最后 1 片蛋糕分别盖上。

6 脸部用橙色奶油、嘴部用白色奶油抹平。

7 耳朵部分修整后抹上橙色奶油拼接上，再把剩余白色奶油装入裱花袋挤出眼睛，稍微抹平。

8 装饰黑巧克力隔温水熔化后画出表情。

9 剩余的橙色奶油装入裱花袋，挤出头发，最后把妙脆角粘上。

足球蛋糕

为了给 2010 年参加世界杯的韩国国家队助威，做了这款足球蛋糕。

原料 /6 人用

巧克力海绵蛋糕		装饰	
低筋面粉	120 克	鲜奶油	400 克
可可粉	20 克	草莓	5 个
泡打粉	1/2 t	装饰黑巧克力	100 克
鸡蛋	3 个	装饰绿色巧克力	50 克
细砂糖	100 克		
芥花子油	30 克		
牛奶	70 克		

TIP 挤好的五边形巧克力要在有点儿软的时候取下粘在蛋糕上，如果巧克力已变硬，会因为蛋糕的弧度而黏合不好。

1 参考第 24 页制作巧克力海绵蛋糕，然后冷却，横切成三等份。

2 留一片做底，剩下两片切成比底座稍微小一圈的样子。

3 去掉有棱角的部分，修得圆润一些。

4 直径最大的蛋糕片垫底，抹上打发的鲜奶油，摆上草莓，再用直径小一圈的蛋糕片盖上，重复这个过程。

5 用鲜奶油抹平表面，修整成圆形，然后用牙签画出足球的纹路。

6 装饰黑巧克力装入裱花袋隔温水熔化。

7 砧板上铺好保鲜膜，用熔化的巧克力做出 6 个五边形。

8 在巧克力没完全变硬、还有点儿软的时候取下，按画好的位置粘在蛋糕上，轻轻按压边缘，让巧克力和蛋糕黏合好，并用巧克力勾画出球面上的白色六边形。

9 用剩下的巧克力在空白部分写上想说的话，最后熔化装饰绿色巧克力，在底边挤出草坪的样子。

用白巧克力画的骷髅图案很有视觉冲击力，是一款非常别致的蛋糕。

原料 /10 人用

巧克力海绵蛋糕 1 个	**巧克力酱**	
草莓	10 个	黑巧克力	200 克
夹心		鲜奶油	200 克
鲜奶油	250 克	**骷髅**	
细砂糖	2 T	装饰白巧克力 100g	

TIP 如果画的途中白巧克力凝固了，只要重新放入温水中熔化再使用即可。

1 参考第 151 页制作巧克力淋酱蛋糕。

2 巧克力酱凝固后，利用筷子小心地把蛋糕挪到盘子里。

3 提前在笔记本上多画几次骷髅图案，以防失手。

4 用牙签大致画上轮廓。

5 把装饰白巧克力装入裱花袋，隔温水熔化。

6 根据轮廓画出骷髅图案。

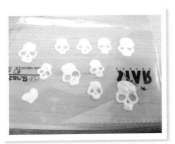

7 在塑胶片上画出小的骷髅图案，冷藏至凝固。

8 把小骷髅粘在侧面。

9 最后写上祝福的话。

201

李弘基蛋糕

以我喜欢的偶像李弘基为模特制作的卡通人物下是蛋糕。

原料 /10 人用

原味海绵蛋糕		装饰	
低筋面粉	90 克	鲜奶油	200 克
鸡蛋	3 个	草莓	10 个
细砂糖	90 克	装饰黑巧克力	50 克
芥花子油	30 克	红豆沙馅	300 克
牛奶	30 克	白豆沙馅	100 克

准备

为了防止豆沙馅变软不易造型，在使用前请一直冷藏。

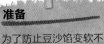 用来做帽子的红豆沙馅使用市售的比较好，因为水分少而且细腻，比较容易造型。

1 参考第 20 页制作原味海绵蛋糕，然后冷却，横切成两片。

2 修整成椭圆形，去掉有棱角的部分。

3 打发鲜奶油，如果是无糖鲜奶油则加入 20 克细砂糖一起打发。

4 取一片蛋糕，抹上打发的鲜奶油，摆上切片的草莓轻压固定。

5 用剩下的蛋糕盖住，整体涂抹鲜奶油后抹平表面。

6 用牙签画出大致的五官轮廓，再用蛋糕的边角料做成耳朵抹上鲜奶油后拼接上。

7 装饰黑巧克力装入裱花袋，隔温水熔化。

8 用巧克力画出眼睛、鼻子、嘴以及头发。如果巧克力变硬可重新隔温水熔化后使用。

9 豆沙馅用手掌按扁后铺到蛋糕上，慢慢做成帽子的样子。

用寒天粉代替鱼胶片制作的素食布丁，还有冰淇淋、羊羹、三明治的做法。

Part **10**

入口即溶的

甜点 & 轻食

南瓜布丁

简单的几个步骤就能做出美味的南瓜布丁，赶快与家人和朋友一起分享吧。

TIP 可以用蜂蜜代替细砂糖。

1 一个南瓜洗净后分成四等份，放蒸锅里蒸熟。

2 稍微晾凉后去皮后压成泥。

3 取 300 克南瓜泥加水放料理机里打成南瓜糊。

4 南瓜糊倒入锅内，煮开后加入细砂糖和寒天粉，中火煮一会儿转小火煮 3~5 分钟。

5 煮的过程中要不断搅拌防止粘底。

6 煮好的南瓜糊倒入玻璃碗里，稍微晾凉后冷藏至凝固。

7 完全凝固的南瓜布丁就可以挖着吃啦。

红枣布丁

这是我奶奶很喜欢吃的一款布丁，用红枣和梨一起熬煮的红枣茶来制作。

原料

寒天粉	1t
蜂蜜	适量
红枣茶（600 克）	
红枣	30 个
韩国梨*	1/2 个

* 因为品种不同，所以韩国的梨个头比较大，一个韩国梨差不多等同于 2 个水晶梨。

TIP 红枣卷不能提前放在布丁上，因为会吸收水分变软烂，所以最好等布丁凝固后再装饰在表面。

1 梨洗干净后切半，去掉核，连皮切成片状。

2 红枣洗干净，每颗红枣剪成 3~4 块。

3 锅里放入红枣和梨，水加到没过食材，大火煮开，再转小火继续煮。

4 倒出煮好的茶，再加入同量的水重复熬煮 2 次。

5 过滤的果肉也要充分挤干水分。

6 倒出 600 克（约 3 杯）左右的红枣茶，加入寒天粉，煮 3~5 分钟，即成红枣布丁液。

7 煮好的布丁液倒入玻璃碗里，稍微晾凉后冷藏至凝固。

8 去核的红枣做成红枣卷，切片后装饰在凝固的布丁上。

彩虹布丁

使用草莓和南瓜制作的彩虹布丁是我的得意之作。

原料			
红色部分		细砂糖	4 T
草莓	300 克	寒天粉	1/2 t
细砂糖	3 T	**绿色部分**	
寒天粉	1/2 t	南瓜皮	200 克
黄色部分		水	400 克
南瓜	200 克	细砂糖	4 T
水	400 克	寒天粉	1/2 t

准备

需要直径15厘米、高6厘米的圆形容器当模具。

TIP 要等前一层的布丁液凝固后再倒入下一层。

1 蒸熟的南瓜去皮后压成泥。

2 草莓放料理机里打成汁，加细砂糖和寒天粉中火煮开后转小火煮 2~3 分钟。

3 倒入耐热容器里，稍微晾凉后冷藏至凝固。

4 南瓜泥加水用料理机打匀，倒入锅内，加细砂糖和寒天粉中火煮开后转小火煮 2~3 分钟。

5 稍微晾凉后，小心地倒入容器里，冷藏至凝固。

6 南瓜皮加水用料理机打匀，倒入锅内，加细砂糖和寒天粉中火煮开后转小火煮 2~3 分钟。

7 稍微晾凉后，分别小心地倒入容器里，冷藏至凝固。

8 等布丁完全凝固后，用小刀在边缘划一圈，倒扣在盘子上脱模。

9 如果不容易脱模，可在盘子下面垫毛巾后轻磕几下。

奶酪布丁

做蛋糕剩下少量的奶油奶酪时可以做这款布丁。

准备

奶油奶酪和牛奶需要提前从冰箱取出回温。

TIP 做甜点剩下的边角料奶油奶酪可以冷冻保存，攒到一定量后拿来做布丁。

1 鱼胶片泡冷水软化后挤干水分备用。

2 室温软化奶油奶酪打至软滑，加糖或者蜂蜜打匀。

3 加入原味酸奶，打匀。

4 分次加入牛奶，打匀。

5 挤干水分的鱼胶片用微波炉加热 10 秒左右至熔化。

6 将完全熔化的鱼胶片，分次加到奶酪糊里，打匀。

7 奶酪糊倒入模子里，冷藏至凝固。

8 想口感更细腻的话，把奶酪糊过筛一遍即可。

番茄布丁

可以以假乱真的番茄布丁，让不喜欢吃番茄的小孩子也可以高兴地吃下去。

原料

番茄	500 克
水	100 克
细砂糖	4 T
寒天粉	1 t

TIP 煮番茄汁很容易冒锅，所以不要加盖，维持中小火即可。

1 番茄底部划十字后放进开水里烫 10 秒，取出冲冷水后去皮。

2 去皮的番茄切大块，放料理机里打成汁。

3 番茄汁倒入锅内，加水和细砂糖（或者蜂蜜）中火煮一会儿，再加入寒天粉转小火煮 5 分钟左右。

4 番茄汁颜色变深且变浓稠时关火，稍微冷却一下，再用勺子撇出浮沫。

5 番茄汁倒入圆形的耐热玻璃碗内，晾至微温后冷藏至凝固。

6 完全凝固的布丁倒扣脱模，最后用番茄蒂装饰。

草莓冰淇淋

不容易买到新鲜草莓的季节就用草莓果酱来制作草莓冰淇淋吧。

鲜奶油　　　100 克
牛奶　　　　 60 克
原味酸奶　　100 克
草莓果酱　　200 克

TIP 搅拌次数越多，冰淇淋的口感越好。

1 鲜奶油打发后加入原味酸奶打匀。

2 分次加牛奶，打匀。

3 加入草莓果酱，打匀。

4 最后的奶油糊是有点成团的状态。

5 倒入塑料盒内。

6 冷冻一会儿就取出用叉子搅拌一下，重复这个过程 2~3 次。

果味浓郁又爽口的奇异果冰淇淋，很适合夏天食用。

原料

鲜奶油	100 克
奇异果	3 个
细砂糖	6 T
原味酸奶	150 克

TIP 如果觉得太酸，可以换成黄金奇异果来制作。

1 奇异果去皮后放料理机里打成泥。

2 打发鲜奶油。

3 加入原味酸奶，打匀。

4 加入奇异果泥，快速打匀。

5 奇异果泥加到奶油糊有点成团的状态为止。

6 倒入塑料盒内。

7 冷冻一会儿就取出用叉子搅拌一下，重复这个过程 2~3 次。

8 最后抹平表面，冷冻保存。

地瓜塔

地瓜是我很喜欢的食材，不仅营养丰富，还能做成各种各样的点心。

原料

卡仕达酱		地瓜塔底	
低筋面粉	2T	地瓜	400克
蛋黄	2个	鲜奶油	2T
细砂糖	4T	细砂糖	3T
牛奶	1杯		

准备

需要一次性铝箔纸塔模
5个。

TIP 不同品种的地瓜含水量不同，故应根据水分调整鲜奶油的用量。

1 参考第15页制作卡仕达酱后冷却备用。

2 蒸熟的地瓜去皮后压成泥，加鲜奶油和糖搅拌均匀。

3 拌好的地瓜泥分成五等份。

4 取一份地瓜泥，均匀地铺在塔模里。

5 表面盖保鲜膜，用手在边缘捏出弧度，做成碗状。

6 用同样的方法制作剩下的4个，塔底完成。

7 卡仕达酱装入裱花袋，剪小口，挤到地瓜塔里。

8 用牙签画出纹路。

9 最后用叉子把边缘压出纹路。

红豆栗子羊羹

自己做的羊羹可以调整甜度，不会像市售的那么甜。

原料

红豆沙馅	500 克
寒天粉	1 T
水	350 克
低聚果糖糖浆	100 克
细砂糖	50 克
糖渍栗子罐头	1 瓶

TIP 做好的羊羹切成小块后分别用保鲜膜包上冷藏保存。

1 需用到市售的红豆沙馅。

2 糖渍栗子罐头去汁，切成小块。

3 水煮开后转小火，加入寒天粉，低聚果糖糖浆和细砂糖一起熬煮 5 分钟左右。

4 关火后加入红豆沙馅，搅拌均匀。

5 重新开火，小火熬煮至黏稠。

6 加栗子，拌匀。

7 倒入耐热玻璃容器里，稍微晾凉后冷藏至凝固。

8 完全凝固后倒扣脱模，切成小块。

9 想口感更柔和的话，可以不加栗子。

223

抹茶栗子羊羹

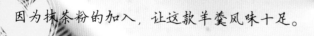

因为抹茶粉的加入，让这款羊羹风味十足。

原料

抹茶粉	1 T	水	适量
白豆沙馅	500 克	糖渍栗子罐头	1 瓶
寒天粉	1 T		
低聚果糖糖浆	100 克		
细砂糖	50 克		

TIP 可以按口味增减细砂糖的用量。

1 需用到市售的白豆沙馅。

2 糖渍栗子罐头去汁，切成小块。

3 抹茶粉加 1 T 水化开。

4 水煮开后转小火，加入寒天粉、低聚果糖糖浆和细砂糖一起熬煮 5 分钟左右。

5 关火后加入白豆沙馅，搅拌均匀。

6 加入化开的抹茶粉液，拌匀后重新开火，小火熬煮至黏稠。

7 加入栗子块，拌匀。

8 倒入耐热玻璃容器里，稍微晾凉后冷藏至凝固。

9 完全凝固后倒扣脱模，切成小块。

焦糖苹果
三明治

焦糖苹果除了做成蛋糕，还可以夹在吐司里做成三明治，酸甜的味道很特别。

原料

白吐司	4 片	肉桂粉	1/2 t
奶酪片	4 片	胡萝卜	适量
焦糖苹果			
苹果	2 个		
水	1 T		
细砂糖	4 T		

TIP 做好的三明治按对角线切开，分别包保鲜膜后冷藏保存。

1 苹果去皮后切成薄片，加水和细砂糖拌匀后高火熬煮，即为焦糖苹果。

2 转中火继续煮至体积减小，加入切丝的胡萝卜和肉桂粉拌匀后关火。

3 把焦糖苹果里剩的糖浆抹到吐司上，铺上奶酪片。

4 其中一片铺满焦糖苹果后轻压几下固定。

5 两片吐司合起即可，剩下的吐司也按同样的方法制作。

6 做好的三明治按对角线切开。

金枪鱼
三明治

灵感来自于我喜欢的金枪鱼紫菜包饭。

TIP 可用西生菜代替生菜，口感会更爽脆。

1 金枪鱼罐头去汁，放入碗里，加甜玉米粒、色拉酱、洋葱、盐和黑胡椒粉适量拌匀。

2 将吐司先均匀地抹一层黄芥末酱，再铺上奶酪片。

3 一片放生菜，一片放紫苏叶。

4 在生菜上铺满做好的金枪鱼色拉酱，再放入一些切成丝的甜椒。

5 两片吐司合起即可，剩下的吐司也按同样的方法制作。为了定型用保鲜膜分别包好。

6 做好的三明治按对角线切开。

草莓可丽饼

用柔软的可丽饼把香浓的鲜奶油和酸甜的草莓包裹起来，一口就能体验到多种味道。

可丽饼（18 厘米）6 张		细砂糖	1 T
低筋面粉	100 克	盐	适量
牛奶	180 克	鲜奶油	200 克
鸡蛋	1 个	草莓	30 个
芥花子油	1 T		

TIP 煎好的可丽饼要用保鲜膜盖在表面，防止变干。

1 鸡蛋、牛奶、芥花子油、细砂糖和盐一起搅拌均匀。

2 筛入低筋面粉，轻轻拌匀。

3 面糊过筛。

4 这样可丽饼面糊就做好了。

5 在平底锅里倒入少量油，用厨房纸巾把油均匀地涂满平底锅。

6 维持小火，舀一勺面糊，画圈把面糊摊薄。

7 煎好的可丽饼用保鲜膜盖在表面，防止变干。

8 打发鲜奶油，如果是无糖鲜奶油则加 20 克细砂糖一起打发。

9 取一片可丽饼，抹上鲜奶油，摆好草莓卷起，切开食用。

土豆可乐饼

尝尝我独创的不油炸也不用烘烤的土豆可乐饼吧。

原料

土豆	2 个	色拉酱	适量
洋葱	1/2 个	盐和黑胡椒粉	适量
甜椒	1/2 个		
甜玉米粒	5T		
面包屑	1 杯		
白吐司	4 片		

TIP 把煮熟的鸡蛋切碎加入也可以。

1 土豆蒸熟后去皮压成泥，加切碎的洋葱、甜椒、甜玉米粒、色拉酱拌匀，用盐和黑胡椒粉调味。

2 白吐司撕成小块，加到土豆色拉里，拌匀。

3 取一点土豆泥，揉成团。

4 成品约 15 个。

5 把面包屑倒入平底锅，小火烘至面包屑变金黄。

6 把捏好的土豆球放到面包屑里滚一下，让表面粘满面包屑即可。

香蕉巧克力

香蕉切片后裹一层巧克力，再用各种坚果及彩糖装饰一下，既好看又好吃。

原料 / 约20个量

香蕉	2~3 根
装饰黑巧克力	100 克
装饰白巧克力	50 克
各种坚果碎及彩糖	适量

TIP 香蕉如果切得太薄，会在牙签插入的时候断掉，所以要有一定厚度。

1 准备撒在表面的各种坚果碎及彩糖。

2 隔温水熔化装饰黑巧克力成糊。

3 香蕉尽量选外形比较直的，去皮后切厚片。

4 在香蕉片中间插入牙签，再用厨房纸巾轻压切面，吸掉水分。

5 用勺子把巧克力糊淋在香蕉上。

6 趁巧克力还没凝固，粘满坚果碎。

7 做好的香蕉巧克力放在铺好保鲜膜的砧板上冷却。

8 装饰白巧克力装入裱花袋，隔温水熔化后在表面画出喜欢的图案。

9 将成品分别包好，用好看的封口丝带扎紧。

版权所有，翻印必究

著作权合同登记号：图字 16—2011—183

图书在版编目（CIP）数据

无黄油，蒸简单！1只锅的完美蛋糕全书／（韩）朴贤真著；崔成华译. —郑州：河南科学技术出版社，2014.6

ISBN 978-7-5349-6461-9

Ⅰ.①无… Ⅱ.①朴… ②崔… Ⅲ.①蛋糕—糕点加工 Ⅳ.①TS213.2

中国版本图书馆CIP数据核字（2014）第084982号

出版发行：河南科学技术出版社
地址：郑州市经五路66号 邮编：450002
电话：（0371）65737028 65788633
网址：www.hnstp.cn
策划编辑：李迎辉
责任编辑：司 芳
责任校对：李淑华
封面设计：张 伟
责任印制：张艳芳
印 刷：北京盛通印刷股份有限公司
经 销：全国新华书店
幅面尺寸：170 mm×235 mm 印张：15 字数：250千字
版 次：2014年6月第1版 2014年6月第1次印刷
定 价：48.00元

如发现印、装质量问题，影响阅读，请与出版社联系。